しっかり学べる
KYOKO式 副業の学校 アフィリエイト編

副業の学校 代表 KYOKO

ソシム

はじめに

「個人で大きく稼ぐことのできるビジネス」……それがアフィリエイトです。

世は大副業時代。今や１つの収入の柱に依存するのは常識ではなくなりました。

2018年１月、働き方改革の一環で、モデル就業規則は改定され【副業禁止】という内容の要項も削除されました。

それを受けて世の中も【副業禁止】から【副業推奨】の流れになっているのはいうまでもありません。

実際に、副業解禁という言葉はGoogleトレンドで見ても過去５年間で、どんどん上昇。

こんな言葉をいたるところで耳にするようになりましたね。

そしてさまざまな副業の種類がある中、個人でも手軽に始められるのがアフィリエイトの最大の魅力でもあります。

他の副業にはないアフィリエイトの魅力

「副業」といえば、今流行りのUber Eats（ウーバーイーツ）や手軽にできるポイントサイトなどもあります。

他にも投資……不用品販売なんかも含まれるかもしれませんね。

ですがアフィリエイトほどオールマイティな副業を私は知りません。

副業を選ぶ際のポイント

稼ぎやすさ

ワークスタイルの自由度

経験の応用

安全性

本業でクタクタになったあと、実務を伴うようなものは、もはや副業ではなく「掛け持ち」です。

不用品販売なども、私もやったことはありますがずっと続けられるわけではありません。

梱包や発送作業などを考えれば実務労働を伴います。

投資も原資がなければお話になりません。

ではアフィリエイトはどうか?

極端な話パソコンとインターネット環境さえあれば始められるものです。

そして他の副業と違い収入面でも、大きな違いがあります。

アフィリエイトやブログなどは、やったらやった分だけ稼げる「労働型収入」とは訳が違います。

少ない労働に対して大きな利益を得ることができる仕組み構築型の副業になります。

変な話、寝ていても友達と遊んでいても、1度仕組みを作ってしまえば勝手にお金が入ってきます。

ただし、勘違いして欲しくないのは、いきなり最初からそうはならないということです。

アフィリエイトの世界では、仕組みを構築した後のことだけを切り取って発信する人が多くいるので誤解はしないで欲しいです!

その辺りのことも本書ではオブラートに包まず話しているので安心してください！

話を戻しますが、個人の副業で特になにも準備もせず、大きく稼げるのはアフィリエイトしかないと思います。

私もアフィリエイトで人生が変わった１人

私も最初は、パソコンの知識すら乏しい、ただのしがない主婦でした。

大学で教員免許を取得後、結婚し子供達と家の中だけで過ごす日々が続く中で、社会と繋がれる唯一の場所……それがパソコンだったんですね。

「アフィリエイト」という言葉を知り、たくさんの失敗や挫折を味わいながらやっとたどり着いたところ、それがサイトアフィリエイトでした。

ここに辿り着くまでには、結果が出ず試行錯誤した時期もあり、２回も詐欺に遭いました。

そして、ようやくたどり着いたサイトアフィリエイトの開始から約11ヶ月後には、自宅にいながら月に100万円を稼げるようにまでなったんですね。

10円、20円の差でも目の色を変えていた当時の自分からしてみれば、月に５万円収入が増えるだけでも夢のような話でした。

結果的には遠回りにはなりましたが手探りでなんとかここまでたどり着いたんです。

本書のコンセプト

「物事の学び」には順序があると思っています。

私はいたるところで言っているのですが「**1ができない人に10はできない**」こう思っているんです。

アフィリエイトの情報は今や無料でもさまざまなものが出回っていますし、良いものもあれば悪いものもあるのですが、初心者にその情報の棲み分けができるわけもありません。昔の私がそうだったように。

- **どんな種類のアフィリエイトがあるのか？**
- **難易度は？**
- **それに必要なノウハウは？**

「先に道を通った人が、体系的にまとめた道しるべがあればよかった……」今でもそう思います。見通しを立てることができれば継続しやすくなりますからね。

本書では、今まで数え切れないほどのアフィリエイト初心者を見てきた私が思う、最短ルートを具体的なノウハウに落とし込んで解説していきたいと思います。

- **概要＆基礎知識**
- **最初にやるべきこと**
- **どんな風に応用すればいいのか**
- **どんなことに気をつけるべきか**

これは言い換えれば、私が遠回りしながら歩いた道の最短ルートともいえます。

本書を読んでいる皆様よりも、先に歩いてきたからこそ得た経験や失敗を元に、なるべく遠回りせず継続できるように心を込めて執筆しました。

【参入者の95%が5,000円も稼げないまま諦めてしまう】そんなアフィリエイトの世界で本書が少しでも皆さんの参考になることを祈っております。

CONTENTS

CHAPTER 3

アフィリエイト・ブログの基礎知識

CHAPTER 4

アフィリエイト・ブログの実践

CHAPTER 5

アフィリエイト・ブログの改善

CHAPTER 6

アフィリエイト・ブログで稼ぎ続けるためのコツ

ネットで稼ぐ アフィリエイト・ブログの仕組み

「パソコン１台で自宅で稼げる」
こんなキャッチコピーの代名詞がアフィリエイトです。
ですがその認知度はまだまだ低く
「怪しい」といった印象を持っている人も少なくありません。
第１章ではアフィリエイトの概要をつかみ、
その仕組みや種類を学習していきましょう。

SECTION 1-1
アフィリエイトって何？その意味

アフィリエイトはどのようなビジネスモデルなのかをまずは理解しましょう。「広告主、ASP、アフィリエイター、ユーザー」の4つの役割を理解することが大切です。

アフィリエイトとは

アフィリエイト（**Affiliate**）というのは直訳すると「**加入する・連携する・関係する**」という意味です。

アフィリエイトとは

アフィリエイトとは、広告主の商品やサービスを、自分の媒体を利用して紹介しその報酬を得るビジネスで、簡単にいえば「**広告代理店**」のようなものです。

アフィリエイトのビジネスは4つの要素で成り立っています。
それは「**広告主、ASP、アフィリエイター、ユーザー**」です。

あとのページでも解説がありますが、ここで簡単に用語の説明をしておきますね！「媒体」を辞典などで調べると「一方から他方へ伝えるためのなかだちとなるもの」と記載されています。つまり、アフィリエイトにおける媒体とは**橋渡しをするサイトやSNSなどのメディア全般**という意味合いになります。

ASPは、Affiliate Service Providerの略で**広告主とアフィリエイターの仲介をしてくれるサービス**です。

この**4つのいずれの要素が欠けても、アフィリエイトのビジネスは成立しません**。海外アフィリエイトなどの場合にはASPが省かれていることもありますが、国内アフィリエイトに関してはASPが大きな力を持っています。

アフィリエイトの仕組みを理解するために、まずはこの４つのそれぞれの役割を理解しましょう。

STEP.1　広告主がASPに商材の販促を依頼する

広告主
商品を広めたいから
手伝ってもらえますか？

ASP
お任せください！

STEP.2　ASPが商材を紹介してくれるアフィリエイターを募集する

ASP
アフィリエイターのみなさん
この商材はおすすめです！

STEP.3　アフィリエイターがASPを中継して商材広告をサイトでユーザーに紹介する

アフィリエイター
この商品よさそう！
自分のサイトで紹介してみよう！

STEP.4　WEBサイトを見たユーザーがバナー広告などをクリックし、広告主から商材を購入する

ユーザー
こんな商品初めて見たわ！
一度使ってみようかしら♪

STEP.5 ユーザーが商材を購入するとアフィリエイターに報酬が発生する

アフィリエイター
このまえ紹介した商材から報酬が
発生してる！
ユーザーに気に入ってもらえたんだね！

自分の媒体とは、サイトやブログ、SNSやYouTubeとさまざまですが、この点については後で詳しく解説しますのでここでは割愛させて頂きます。

このようなアフィリエイトは、身近なものにもたくさん使われているので、皆さんも知らず知らずの内に目にして、すでに利用していることもあります。

例えば、

- **Amazonや楽天、価格.com**
- **何かを検索したときにサイト内に表示される広告**
- **無料動画を見る際に出てくる広告**
- **アプリ**
- **SNS**

これらもアフィリエイトの仕組みが利用されています。

企業側から見たアフィリエイターは、外注の営業マンのようなものだといえますね！

おさらい

- 自分の媒体を使って商品やサービスを紹介し、その報酬を得るビジネスモデル
- アフィリエイトというビジネスは「広告主、ASP、アフィリエイター、ユーザー」の4つの要素で成り立っている
- アフィリエイトの仕組みは身近なものにもたくさん利用されている

SECTION 1-2

アフィリエイトの仕組み

アフィリエイトは広告代理店のようなもの。そんなアフィリエイトの仕組みは「広告主、ASP、アフィリエイター、ユーザー」の視点で考えると理解が深まります。

アフィリエイトの成り立ちを理解する

アフィリエイトの仕組みがどのように成り立っているのかを解説していきます。アフィリエイトは広告代理店のようなものだとお話しましたが、

- **その広告をどこから探してくるのか**
- **どのようなシステムで報酬が発生するのか**

を理解していきましょう。

一見複雑なように感じますが、意外とシンプルなシステムなので安心してくださいね。

アフィリエイターから見た仕組み

アフィリエイターは**ASPを経由して取得した商品の広告を自分のサイトに貼り付け**ます。そして、この広告から商品が売れたらゴール、収益が発生します。※このように商品が成約することを**コンバージョン**といいます。

報酬までの流れは次のようになります。

1. ASPに登録する
2. ASPサイトから、取り扱う広告を決める（リンクが発行される）
3. 自分の運営するサイトなどで、広告を紹介する（リンクを貼る）

❹ サイトに訪れた人が、広告の商品を購入（リンクをクリック）
❺ 購入状況をASPが管理
❻ ASPから報酬の振込

ASPから見た仕組み

ASPとは「**アフィリエイトサービスプロバイダー**(Affiliate Service Provider)」の略で、**広告主とアフィリエイターの間に位置するパイプ役**を担っています。

自社の商品を宣伝してほしい広告主と、自分の媒体で広告主の商品を紹介して報酬を得たいアフィリエイターを仲介しているのです。

大まかな流れとしてはASPが広告企業を募集し、広告主に広告や商材リンクを卸してもらいます。

そして卸してもらった広告や商材を元に、利用するアフィリエイターを募集するといった流れになります。

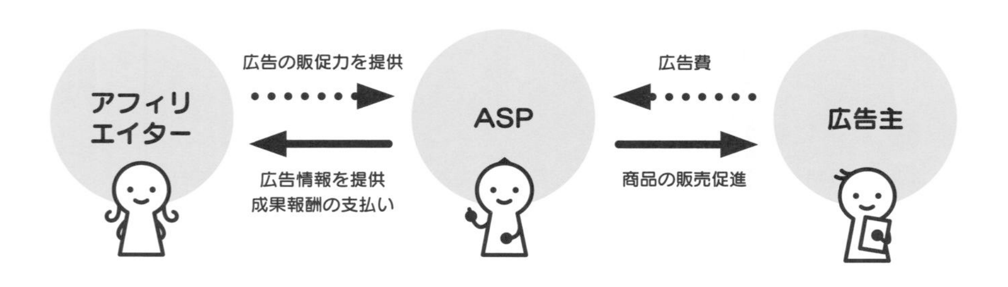

といっても、よくわからない方もいるかもしれません。具体例を出しますね。

私は株式会社TwinRingという会社を経営しています。株式会社TwinRingではWEBスキルを身につけるためのオンラインスクールサービス「**副業の学校**」（https://fukugyou-gakkou.jp/）を運営しています。

私たちは「副業の学校」というサービスをより多くの方に知ってもらい、利用していただきたいと思っており、その販促活動をアフィリエイターのみなさんにお願いしています。

つまり、私の会社（株式会社TwinRing）は「副業の学校」の広告主となります。

弊社では、日本最大手のASPであるA8.net（https://www.a8.net/）に広告出稿しています。

▲ A8.net（https://www.a8.net/）に出稿している「副業の学校」の広告

「副業の学校」を紹介するアフィリエイトをしたいと思ってくれた方は、A8.netで「副業の学校」と検索してみてくださいね！

広告主から見た仕組み

商品の広告を提供してくれる大元が**広告主**です。つまり広告主は、**商品を販売している大元の企業**ともいえます。

「副業の学校」という商品の広告を提供している大元の広告主が私が経営している株式会社TwinRingとなります。広告主は、自社の商品をたくさん販売するために、たくさんのアフィリエイターに販売促進をしてほしいと思っています。そのために中継であるASPに商品を登録し、たくさんのアフィリエイターに紹介してもらえるような条件を整えます。

広告主の「自社の商品やサービスを世の中に広めたい」という考えに、アフィリエイトという仕組みは非常に合理的であるといえますね。

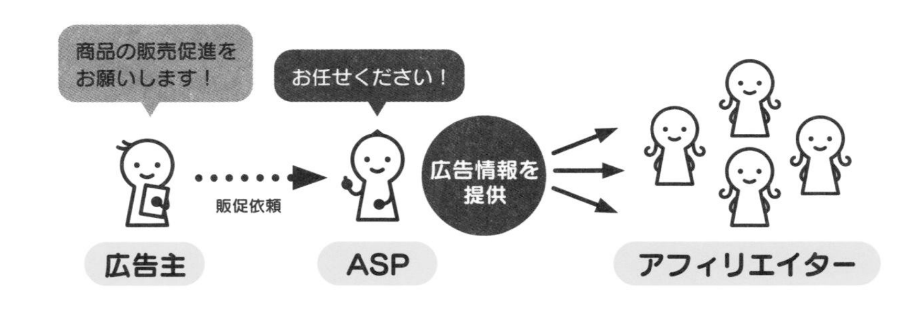

ユーザーから見た仕組み

ユーザーから見たアフィリエイトの仕組みですが、**ユーザー側はもともとアフィリエイトを意識してサイトに訪れたり、広告リンクを踏むことはありません。**

今、この本を読んでくれている皆さんも「アフィリエイト」というビジネスを知る前は何かのサイトに訪れたり、リンクをクリックするという行動になんら違和感を感じなかったと思います。サイト訪問者は自分の悩みや欲しいものに対して、**問題解決のためにキーワードを入力してネット検索を行います。**

そこで自分の抱えている問題を解決できそうなサイトを見つけることで、何かしらの答えを探します。みなさんも経験がありませんか？　どこかに行く目的があるときに「目的地＋行き方」と検索をしたり、料理のレシピを知りたくて「料理名＋レシピ＋時短」と調べてみたり。

そして、そのサイトに貼ってある広告を見て興味があればリンクをクリックし、詳しい情報を閲覧します。

自分の抱えている悩みの解決のために、その商材やサービスが必要だと感じれば、購入・契約に至るといった流れです。

検索して商品を購入するユーザーは、その広告がアフィリエイトかどうかは意識していませんよね。

私たちは悩みの解決や、叶えたい何かのために商品の購入やサービスを利用します。つまり価値の提供がアフィリエイトの根本にあるということです。

おさらい

「広告主、ASP、アフィリエイター、ユーザー」という４者の視点でアフィリエイトの仕組みを捉えよう！

- 広告はASPから探そう
- ユーザーが商品購入や、サービスを利用すると報酬が発生！
- ユーザーは悩みを解決するために商品やサービスを利用する

アフィリエイト広告の種類

アフィリエイトの仕組みは理解できたと思いますが、その広告にもさまざまな種類があります。それぞれのアフィリエイト広告の特徴を理解しておきましょう。

アフィリエイト広告の大枠

アフィリエイトできる広告の種類には、成果報酬の仕組みによって以下のような大分類があります。

1. クリック型広告
2. 成果報酬型広告

クリック型広告

クリック型広告はその名の通り、**広告をクリックされることで報酬が発生**するスタイルの広告です。

クリック型広告のメリット

クリック型広告のメリットは、**商品が売れなくても広告をクリックしてもらうだけで報酬が発生する**点です。

閲覧数の多いサイトやブログを運営していれば、極端にいうと広告を貼っているだけである程度稼げてしまいます。

クリック型広告のデメリット

デメリットは、アクセス数（閲覧数）の少ない媒体で広告を貼っても稼げないということです。

クリック単価は、広告の種類にもよりますが1クリック数十円程度の場合がほとんどです。たくさんの人にクリックされなければ、まとまった金額にはなりません。

つまり、クリック型広告はある程度知名度があったり、アクセスのある媒体を持っている人向けの広告だといえます。

成果報酬型広告

成果報酬型広告とは、ユーザーが**その広告を経由して何かしら商品が成約したり、会員登録したりと広告主がゴールとするアクションをしたときに報酬が発生**するタイプの広告となります。

◎ 成果報酬型広告のメリット

クリック型広告に比べて**成果報酬型広告の報酬単価は高いのが特徴**です。成果報酬型広告の中にもいくつかの種類がありますが、共通しているのは成果に対して報酬が発生する点です。成果報酬型広告は、比較的報酬単価が高いので大きく稼ぐことができます。

やり方次第では少ないアクセス数でも高い成約率を出すことも可能で、初心者の方には取り組みやすい広告タイプになります。

✕ 成果報酬型広告のデメリット

デメリットは、その広告にマッチしたコンテンツ内容（記事内容）が必要となるので、稼ぐためにはキーワード選定やSEOライティング・セールスライティング（こちらは後で詳しく説明します）などの技術が必要になり、初心者には少しハードルが高いことでしょう。

アクセスの多いサイトではクリック型広告は非常に有効です。初心者の方は最初からアクセスの多いサイトを作ることが難しいと思うので、最初は成果報酬型広告から始めることをおすすめしています！

具体的な広告の種類

それでは**クリック型広告**・**成果報酬型広告**の中でもさらに細分化して具体的な広告の種類を学習していきましょう！

クリック型広告の詳細

クリック型広告の中には以下のような種類があります。

クリック型広告

- Google AdSense
- 忍者 AdMax
- nend
- Fluct
- ADroute
- AMoAd

それぞれ説明していきましょう。

❶ Google AdSense

クリック型広告といえば**Google AdSense**です。

Googleが運営している広告サービスで、**GoogleのAdSenseプログラムポリシーの審査に通過したメディアでのみ掲載することが可能**です。

広告単価はメディアのジャンルや表示される広告の種類によっても変わりますが、**1クリックあたり20円〜90円ほどのお金を稼ぐことができます**。最低支払い額は8,000円〜で、振込手数料は無料です。

Google AdSenseは非常に規約に厳しい広告なので、コンテンツの表現には細心の注意を払わなくてはいけません。

規約違反をした場合は、これまでの報酬はすべて没収され広告の利用も停止されます。

Google AdSenseの審査に通るための注意点

- 暴力や虐殺と関連するコンテンツに掲載しない
- 性欲を訴求するアダルトコンテンツに掲載しない（著作権フリー画像の水着の女性も禁止）
- 薬物やアルコールなどの人体に有害なコンテンツに掲載しない
- ポイントサイトなどのインセンティブを目的とした場所に掲載しない
- 戦争で用いるような兵器や武器に関するコンテンツに掲載しない

Google AdSense公式サイト
https://www.google.com/adsense/login/ja/

❷ 忍者 AdMax

忍者ツールズが提供している**忍者Admax**は、Google AdSenseのような厳格な審査に通過しなくても、すぐに広告を掲載できます。

アフィリエイト広告の**クリック単価ですが、おおよそ5円～ 15円**となっています。

広告のクリック率は0.05%～0.1%といわれていて、平均5,000～10,000ページビュー（どれ位ページが見られたかの数値）のサイトを運営で1日100円～500円の広告収益を稼ぐことができます。

万が一、**Google AdSenseが利用できなくなったときは、忍者Admaxが最有力候補となる**でしょう。

ちなみに、最低支払い額は500円～となっています。

ジャパンネット銀行や楽天銀行を利用している方は振込手数料が無料となりますが、それ以外の金融機関の利用者は1回の利用ごとに150円の手数料が発生します。

忍者Admax 公式サイト　https://www.ninja.co.jp/admax/

❸ nend

Google AdSenseに続く、第2有力候補として紹介するのは、**nend（ネンド）**と呼ばれるスマートフォン向けの広告です。

nendは、後述する最大手ASPのA8.netが別サービスとして展開しており、**スマートフォンからのクリック率が高いことで非常に有名**です。そのクリック率は、おおよそ0.5%～1%前後となっています。

nendの広告単価は平均10円前後といわれており、Google AdSenseよりもクリック単価が高い場合もあります。ちなみに、最低支払い額は3,000円～となります。

nend公式サイト　http://nend.net/mediapartner

❹ Fluct

Google AdSenseなど、さまざまなクリック型広告が1つにまとめられたクリック型広告として話題となっている広告があります。

それが、**Fluct（フラクト）**です。**自動的に費用対効果の高い広告を掲載してくれる機能**を備えているという特徴があります。

Fluctは比較的条件の良いアフィリエイト広告であるため、審査に通過しなければ広告を掲載できません。ある程度媒体が育ってから使ってみるのが良いかもしれませんね。

Fluct公式サイト　https://corp.fluct.jp/service/publisher/ssp/

❺ ADroute

ADroute（アドルート）は、nendと同じように**スマートフォン向け広告サービス**を展開しています。

扱っている広告ジャンルは電子コミックやゲーム案件などが多い印象です。

1クリックあたりの広告単価は、類似広告サービスのnendよりも低く設定されています。

ちなみに、広告ブロック機能も搭載されているため、自分の媒体にとって好ましくない広告についてはブロックできます。最低支払い額は5,000円〜となっており、振込手数料は無料です。

ADroute公式サイト　https://adroute.froute.jp/adroute/

❻ AMoAd

AMoAd（アモアド）は、某有名ゲームサイトや大手ポータルサイトで利用されているクリック型広告です。

さまざまな形態の広告に対応しているため**自分のサイトやブログのデザインに合わせて多様な表現形式が実現**できます。クリック単価は、nendと同じ位ですね。最低支払い額は1,000円〜となっており、振込手数料は無料です。

AMoAd公式サイト
http://www.amoad.com/

成果報酬型広告の詳細

成果報酬型広告の中には以下のような種類があります。

成果報酬型広告

- ASP広告
- 楽天アフィリエイト
- Amazonアソシエイト
- 直接契約アフィリエイト

それぞれ説明していきましょう。

❶ ASP広告

ASP広告を使ったアフィリエイトは、王道なアフィリエイトスタイルです。

ASPというアフィリエイターと広告主をつなぐ仲介業者を通して自分の媒体で紹介する広告を選びます。

成果報酬型広告の中でもとりわけ広告単価の高い案件が取り揃えられていることが多いです。

案件の形態もいろいろ

【サービス系や来店案件】

無料会員登録/1件で1,000円の報酬や、クリニックなどの来店1件で1万円以上の高額の報酬がある案件もあります。

【物販（物を販売すること）案件】

サプリメントやスキンケア商品、脱毛器具や食品など……形のある商品を販売する物販の広告もたくさんあります。比較的紹介しやすいスキンケア商品などでも1件3,000円位の案件がたくさんあり、まとまった金額を稼げる広告タイプだといえます。

大きく稼いでいるアフィリエイターでASP広告を使っていない人はいないはずです。国内の大手ASPといえば以下の３つです。この３つを覚えておけば間違いありません。

- A8.net（エーハチネット）　https://www.a8.net/
- afb（アフィビー）　https://www.afi-b.com/
- アクセストレード（アクトレ）　https://www.accesstrade.ne.jp/

これからアフィリエイトを始めようと思うのであれば、ASPへの登録は必須です。「副業の学校」もA8.netに出稿しているのでASP広告ということになります。ASP広告の種類もバナー広告やテキストなどさまざまな種類があり、自分の媒体に合ったものを選ぶことができます。

副業の学校のバナー広告

バナーをクリックすると広告ページにジャンプする。

副業の学校のテキストリンク

テキストをクリックすると広告ページにジャンプする。

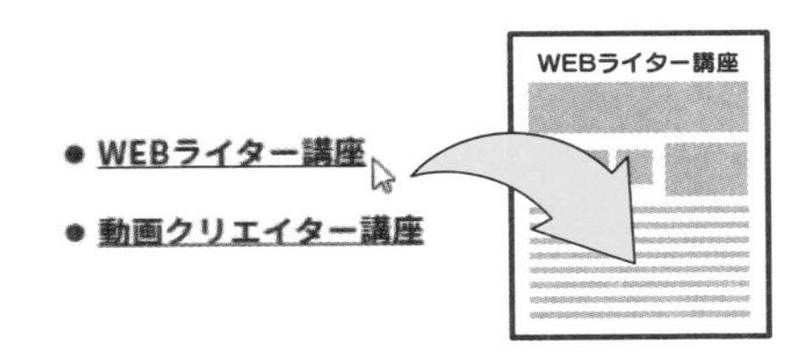

❷ 楽天アフィリエイト

楽天アフィリエイトとは、日本の大手物販サイト楽天の中にある商品を紹介するアフィリエイトのことです。**楽天の中にある商品なら、無審査ですぐに、すべて広告として取り扱うことが可能**になっています。

ただしASP広告よりもかなり報酬単価は低めになります。ジャンルによりますが、**売れた商品の金額の2%～8%が報酬**として稼げます。

ジャンル別料率一覧

紹介料率	商品カテゴリー
8.0%	食品、インナー・下着・ナイトウエア、水・ソフトドリンク、レディースファッション、ジュエリー・アクセサリー、バッグ・小物・ブランド雑貨、日本酒・焼酎、ビール・洋酒、スイーツ・お菓子、メンズファッション、靴
5.0%	ダイエット・健康、美容・コスメ・香水、医薬品・コンタクト・介護、ペット・ペットグッズ
4.0%	カタログギフト・チケット、花・ガーデン・DIY、キッズ・ベビー・マタニティ、スポーツ・アウトドア
3.0%	キッチン用品・食器・調理器具、サービス・リフォーム、本・雑誌・コミック、住宅・不動産、日用品雑貨・文房具・手芸、おもちゃ、インテリア・寝具・収納、ホビー
2.0%	腕時計、CD・DVD、家電、スマートフォン・タブレット、楽器・音響機器、光回線・モバイル通信、パソコン・周辺機器、TV・オーディオ・カメラ、テレビゲーム、車用品・バイク用品、車・バイク

※上記以外のジャンルは2%となります。

楽天アフィリエイトのいいところは取り扱い商品の豊富さ以外にも**Cookieによる棚ぼた報酬がある**ことです。

Cookieとは

Cookieとは、ユーザーごとの情報履歴のことです。
名前やサイトのドメイン名・IDや有効期限などが記されている、いわば足跡のようなものです。
これが記憶されることによって、パソコンの前から離れてもカートに入れた商品が残っていたり、先ほどまで行なっていた作業が記憶されていたりします。

楽天アフィリエイトのCookieは24時間の有効期限があり、**楽天アフィリエイトの広告リンクをクリックして24時間以内に決済されたものに関しては、すべて自分の報酬になります**。
つまりこちらとしてはAという商品しか紹介していなかったとしても、その広告リンクをユーザーがクリックした後24時間以内にBやCといった商品を購入した場合、これらが全て自分の報酬になります。

楽天アフィリエイト
https://affiliate.rakuten.co.jp/

❸ Amazonアソシエイト

Amazonアソシエイトとは、**Amazonで販売されている全ての商品を対象にアフィリエイトできる広告システム**のことです。
基本的に楽天アフィリエイトと仕組みは全く一緒です。
自分のブログやサイトなどでAmazonの中にある商品から紹介したいもののアフィリエイトリンクを取得し貼り付けて紹介するだけです。紹介料率はジャンルによって購入代金の最大10%まであります。

一般紹介料率

紹介料率	商品カテゴリー
10%	Amazonビデオ（レンタル・購入）、Amazonコイン
8%	Kindle本、デジタルミュージックダウンロード、Androidアプリ、食品&飲料、お酒、服、ファッション小物、ジュエリー、シューズ、バッグ、Amazonパントリー対象商品、SaaSストアの対象PCソフト
5%	ドラッグストア・ビューティー用品、コスメ、ペット用品
4.5%	Kindleデバイス、Fireデバイス、Fire TV、Amazon Echo
4%	DIY用品、産業・研究開発用品、ベビー・マタニティ用品、スポーツ&アウトドア用品、ギフト券
3%	本、文房具・オフィス用品、おもちゃ、ホビー、キッチン用品・食器、インテリア・家具・寝具、生活雑貨、手芸・画材
2%	CD、DVD、ブルーレイ、ゲーム/PCソフト（含ダウンロード）、カメラ、PC、家電（含 キッチン家電、生活家電、理美容家電など）、カー用品・バイク用品、腕時計、楽器
0.5%	フィギュア
0%	ビデオ、Amazonフレッシュ
紹介料上限	1商品1個の売上につき1,000円（消費税別）

※上記商品カテゴリーに含まれない商品に関しては、紹介料率2%となります。

Cookieの有効期限も楽天と同じ24時間あります。生活に密着した商品が豊富に取り揃えられているので、初心者には紹介しやすい広告タイプになるでしょう。

ちなみにAmazonアソシエイトは自分の媒体を審査にかける必要がありますが、審査に通ればすぐに始めることができます。

Amazonアソシエイト
https://affiliate.amazon.co.jp/

❹ 直接契約アフィリエイト

難易度が高めなので初心者向けではありませんが、直接契約するタイプのアフィリエイトもあります。

ASPを挟まずに広告主と直接契約して広告リンクを取得し、商品を紹介するスタイルのアフィリエイトになります。

あまりメジャーではないのでライバルが少なく売れやすい反面、取り持ち役のASPがいないので、広告主とのやり取りなどで初心者は不便に感じることもあるかもしれません。とはいえ、慣れれば問題ありません。私自身も海外の美容系企業の案件を積極的に扱っていますが、報酬単価も高く、やり取りについても今のところ困ったことはありません。

どんなふうに探せばいいのか？

大々的に募集していない分探すのが難しいところはありますが、簡単な見つけ方があります。

それは広告主のサイトの最下部へ移動し「アフィリエイト」という項目を探すことです。

もしくは「紹介したい商品名＋アフィリエイト」で検索して、直接アフィリエイトできる案件を探すことも可能です。

有名な企業では、ドコモやクリエイティブツールの代名詞でもあるAdobeと直接契約のアフィリエイトができます。

おさらい

- **広告の大枠は以下の２種類！**
  1. クリック型広告
  2. 成果報酬型広告
- **クリック型広告の具体的な種類は複数あるが、王道なのはGoogle AdSense**
- **Google AdSenseの広告単価は低いが、アクセスのある媒体であれば成約数が見込める**
- **成果報酬型広告の代表はASP広告・楽天アフィリエイト・Amazonアソシエイトの３種類**

SECTION 1-4
アフィリエイトは怪しい？

アフィリエイトが「怪しい」といわれるのには、3つの原因があります。アフィリエイトが本当に怪しいのか論理的な視点で冷静に見てみましょう。

アフィリエイトは怪しいビジネスではない

アフィリエイトは**「商品の広告リンクを自分のメディアで紹介する」**というシンプルな仕組みのビジネスですが、アフィリエイトに「怪しい」というイメージを持っている人もいます。

結論からいうと**アフィリエイトは全く怪しいビジネスではありません**。それなのになぜ「アフィリエイトは怪しい」というイメージを持つ人がいるのでしょうか。これには３つの理由があると思っています。

「怪しい」といわれる３つの原因

1. 詐欺がある
2. 新しいものを受け入れられない
3. 「お金稼ぎ＝悪いこと」という刷り込み

❶ 詐欺がある

アフィリエイトの仕組みそのものは、明確で真っ当なものです。ですが、あくまで個人で行うものなので、**中にはその仕組みの裏をかいて詐欺的な勧誘をする人もいます。**

「1日5分の作業で半永久的に稼げる」とか「スマホ1台1クリックで100

万円」とか怪しいキャッチコピーを見たことがある人も多いでしょう。
アフィリエイトの仕組みもいまいちよくわからない初心者であれば、その正当性もわからず足を踏み入れてしまうかもしれません。
ですが**「楽に稼げる」とか「絶対に稼げる」のようなニュアンスは全て嘘**です。
検索結果のルールやユーザーの目を欺く悪質なやり方をする一部の人間がいるため、アフィリエイト業界全体に「怪しいイメージ」が付いているのかもしれません。

❷ 新しいものを受け入れられない

人はなかなか新しいものを受け入れられません。
収入を得るための仕組みというのは、昔ながらの感覚でいえば「労働×時間＝給料」これが定説でしょう。しかしアフィリエイトは違います。

- **組織に属さず個人で稼ぐ**
- **インターネットを使ってお金を稼ぐ**
- **自宅でサイトを作ってお金を稼ぐ**
- **時間と場所は選ばない**

古い考えから離れられない人は、新しい働き方であるこれら全てが怪しく見えているのでしょう。

❸「お金稼ぎ＝悪いこと」という刷り込み

特に日本人は、お金を稼ぐことに罪悪感があるように思います。WEBを通して広告収入を得るビジネスモデルであるアフィリエイトは、通常の労働収入とは稼げる金額の次元が違います。
アフィリエイターの中には個人で月に数千万円稼ぐ人もいれば、数十万円、数百万円稼ぐ人もザラにいます。
労働収入の常識から外れるので、たくさんのお金を稼いでる人に対しては「怪しい」といったイメージを持ちがちです。

● 思考イメージ

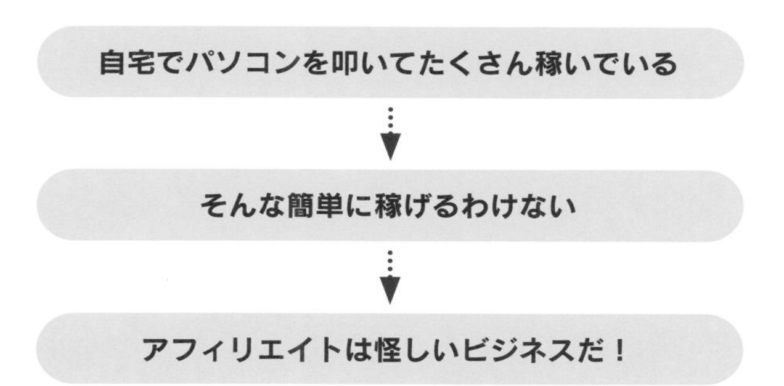

このような構図を描いている人にとっては、アフィリエイトは怪しいビジネスに映るのでしょう。お金は努力して稼ぐものという思想があるので、楽して稼げてしまうような印象を与えるアフィリエイトは怪しいお金稼ぎの１種として捉えられがちなのも事実です。

アフィリエイトが真っ当なビジネスである理由

ここではっきりと言っておきます。アフィリエイトは真っ当なビジネスであり、怪しいものではありません！

アフィリエイトが真っ当なビジネスである理由は次の３つです。

❶ アフィリエイトは広告代理業のようなもの
❷ 大企業も販売促進の手段として使っている
❸ アフィリエイトを仲介するASPでは東証１部に上場している企業も

❶ アフィリエイトは広告代理業のようなもの

アフィリエイトとは、簡単にいうと広告主の売りたい商品をその企業に代わって紹介し拡販する「**個人の広告代理業**」のようなものです。
広告主の発行する広告を自分の作ったサイトやブログで紹介し、そこから売れれば手数料としてその商品の報酬単価がもらえるという仕組みです。
このような基本的なルールを遵守して行うアフィリエイトは怪しくは無いのです。

❷ 大企業も販売促進の手段として使っている

企業は商品を売るために、営業やテレビCM、WEB広告などを駆使して販売促進を行っています。
資金の潤沢な大企業では、これらの手段に加えて**「アフィリエイター」という外部の営業マン**を使い、大規模な販促を行なっています。

例えば日本人なら誰でも知っているであろう企業も、販促にアフィリエイトを利用しています。

- DMM
- RIZAP
- オイシックス
- 生協
- ワタミ株式会社
- 株式会社一休
- 株式会社JTB

どうでしょうか？　一度は聞いたり、見たりしたことのある企業ばかりではないでしょうか？
上記の企業が出している広告リンクを私たちアフィリエイターが自サイトで紹介することで企業は儲かり、私たちも報酬をいただけます。

アフィリエイトが本当に怪しいビジネスなら、このような大企業が進んで利用するわけがありません。

❸ アフィリエイトを仲介するASPでは東証１部に上場している企業も

アフィリエイトの仲介場所であるASPが、こぞって上場している点も、アフィリエイトが真っ当なビジネスであるという裏付けになるでしょう。以下のようなAPSが、現在上場しています。

会社名	上場先	証券コード
株式会社アドウェイズ（Adways Inc.）	マザーズ	2489
株式会社フルスピード（Full Speed Inc.）	東証二部	2159
株式会社ファンコミュニケーションズ（F@N Communications, Inc.）	東証一部	2461
株式会社インタースペース（Interspace Co., Ltd）	マザーズ	2122
株式会社レントラックス（Rentracks Co., Ltd）	マザーズ	6045
株式会社スクロール（Scroll Corporation）	東証一部	8005

もし、アフィリエイトが得体の知れない怪しいビジネスであるなら、株式上場なんてできません。

このように冷静に考えてみれば、大手企業も利用しているアフィリエイトが怪しいビジネスではないことが良くわかりますね。

おさらい

アフィリエイトは怪しくない！

- 仕組みそのものは真っ当なもの
- 仕組みの裏をかいて詐欺的な勧誘をする人がいるため、イメージダウンしている
- 東証一部上場企業など社会的信用のある会社も利用している健全なシステム

SECTION 1-5

アフィリエイトのメリット・デメリット

自宅にいながらパソコン１台で稼げるなど、自由なイメージがあるアフィリエイト。メリットもあればもちろんデメリットもあります。それぞれどんな点か見てみましょう！

アフィリエイトのメリット

多くのメリットが存在するアフィリエイトですが、ここでは厳選して５つお話していきます。

1. 時間に縛られない働き方
2. 場所を選ばない
3. かなりの収入を見込める
4. 初期投資が少ない
5. ストレスの軽減ができる

❶ 時間に縛られない働き方ができる

アフィリエイトは個人で行うビジネスです。中には法人でアフィリエイト事業を行っている企業もありますが、個人で行っているケースが大半です。

会社という組織に属するわけではありませんから、出勤時間やノルマなどもありません。つまり**自分の裁量１つで仕事量がコントロールできる**わけです。

時間を選ばずに働くことができるので、子育て中の主婦や、お仕事を持っていて副収入を得たい人にも人気な理由はここにあります。

私も３人の子供を育てる母親ですが、**タイムマネージメントは自分次第**なので、子供と過ごす時間をしっかりと確保できています。

副収入の柱を立てたい人は、本業の時間を確保した状態でアフィリエイト作業を進めることもできます。

仕事の休み時間、休みの日、仕事の前後、自由に使える時間をアフィリエイトにあてればいいだけなので、本業に支障をきたすことはありません。**時間に縛られない働き方**は、最高のビジネス環境といえるでしょう。

私も最初は子供が昼寝している時間、寝静まった夜中など隙間時間を見つけて作業をしていました。子供をおんぶしながらパソコンを触っていたこともあります。これは会社に勤めていたらできないことばかりですよね。

❷ 場所を選ばない

アフィリエイトは、**作業場所を選びません**。出勤する必要もないので、移動時間や準備も必要ありません。

例えば本業の会社が終わって副業バイトをしようと思えば、移動時間や着替えなどの準備が必要になりますが、アフィリエイトには必要ありません。

基本的にネット環境さえあればどこでもできるので、**忙しいサラリーマンや主婦の隙間時間に行う副業としてもアフィリエイトは非常に優秀**です。

休日にカフェで作業するのも良いですし、自宅に帰ってきてから作業をするのもOK。

究極をいえば、入院中だって、外出中の車内でだって作業を進めることができるのがアフィリエイトのメリットです。

私も頭が煮詰まったときには近くのカフェで作業をしています。いつもと違った行動をとると、アイディアがわいてくるんですよね！

❸ かなりの収入を見込める

会社勤めをしていれば、月の給料は平均して30万円前後の手取りではないでしょうか。どんなに努力しても一般の人が月に100万円も200万円も稼ぐことはなかなか難しいはずです。その理由は、会社勤めなどは基本的に**時間労働**だからです。

「労働×時間＝給料」が、時間労働で得られる収入の計算式です。しかし、アフィリエイトは時間労働ではありません。

完全フルコミッション制のビジネスですので、たくさん作業してもゼロ円のときもありますし、逆に全く作業していなくても月100万円以上稼ぐことも可能です。

アフィリエイトは魔法のような裏技ではありませんが、本気で仕組み作りをしたあかつきには、**てこの原理が働き小さい労働力で大きな収入を得ることができる**ようになります。

ただし、最初から楽に大きく稼げるという意味ではないので誤解しないでくださいね。

❹ 初期投資が少ない

アフィリエイトを始めるときの**初期投資が少ない**ことも、大きなメリットといえます。基本的には**ネット環境とパソコン、ドメインやサーバーの月額費用**くらいしか初期投資がかかりません。

ドメインは数十円のものからありますし、サーバーの月額費用も1,000円程になります。

すでにネット環境とパソコンをお持ちの方であれば、アフィリエイトを始めるのに高額なものを買いそろえる必要もありません。

作業の場所も必要ないので、作業場や店舗を契約する必要もありませんね。

通常、何か起業しようと思ったら数百万かかるのが当たり前です。**初期投資が少なく済むアフィリエイトは、始めるリスクが低いビジネス**といえます。

飲食店を始めようと思ったら、店舗の家賃･内装費･材料費・人件費・広告費など、数百万円～数千万円の費用が必要になります。
それに比べてアフィリエイトは圧倒的に初期投資が少なくて済むんです！

❺ ストレスの軽減ができる

仕事でストレスを感じる原因の１つに、**人間関係**があげられます。

アフィリエイトは基本的に１人の作業になるので、人間関係のストレスから解放されます。

嫌な上司に理不尽なことをいわれることもありませんし、部下の指導に疲れることもありません。同僚とのやり取りに気を揉む必要もないですね。

アフィリエイトは孤独な作業ではありますが、**人間関係のストレスなくフラットなメンタルで作業を続けられます**。

逆に１人だと孤独だという方は、コミュニティに所属するのもありだと思います！　今はさまざまなコミュニティやサロンがあります。「副業の学校」も多くの受講生が共に切磋琢磨して学習しているので情報共有ができますよ！

以上が、アフィリエイトのメリットの解説になります。費用面、精神面、収入面において、多くのメリットがあるビジネスだということがわかって頂けたはずです。

ですが、やはりメリットがある半面デメリットがあることもしっかりと理解しておく必要があります。

アフィリエイトのデメリット

アフィリエイトにおけるデメリットは３つあります。

❶ **全ては自己責任**
❷ **正しい知識が必要**
❸ **案件終了のリスク**

❶ 全ては自己責任

個人で稼ぐビジネスなので、もちろん全ての責任は自分にあります。そして**稼げても稼げなくても何の保証もありません**。

失敗も成功も全て自分の腕にかかっているということです。そばについて教えてくれる先輩もいませんし、指導してくれる上司もいません。

- **どんな情報を信じ**
- **どれぐらい作業し**
- **どれぐらい稼げるか**

始まりから終わりまで全て自分で決めて自分で実行しなくてはいけません。

これがデメリットに当たるかはわかりませんが、最初は手探りでのスタートになるということは忘れないようにしましょう。

❷ Googleのアップデートが頻繁に起こる

アフィリエイトサイトへの集客ルートの多くは「**検索結果から**」が主流となります。

2020年時点で1億86万人がインターネットを使っている中、**そのほとんどがGoogleの検索エンジンを利用している**といわれています。

そんな巨大な市場から自分のサイトへアクセスを集めるアフィリエイトの手法を**SEOアフィリエイト**といいます。

後ほどSEOの説明はありますが、簡単に説明をします。

SEOとは

Serch Engine Optimizationの略で検索エンジン最適化を意味します。検索エンジンからサイトに訪れる人を増やし、サイトでの成果（報酬を上げる）を向上させる施策のことです。

現在、**Googleのアップデート**が頻繁に行われています。簡単にいうと、たくさんのアクセスを集められる「検索結果の上位」にサイトを表示させる指標のルール変更です。こちらは第3章の「サイトにたくさんの人を集めるには？」

「SEOは無料の巨大集客媒体」にて詳しく後述しますが、**年々個人のサイトがアクセスを集めにくくなっているのが現状**です。

本書ではこの辺りのことも踏まえた、アフィリエイトの方法について解説していきますのでご安心くださいね！

❸ 案件終了のリスク

広告を紹介するためのサイトなどを育てていても、**広告主が出稿を取りやめれば紹介することができなくなってしまいます**。

こちらはアフィリエイト手法によりけりで対応策はあるのですが、自分の主力取り扱い商品が少数である場合、広告主が撤退してしまうと大きく収入が減ってしまうことがあります。

ここまでアフィリエイトのデメリットについて３つお話してきました。正直デメリットよりもメリットの方が大きいのではないでしょうか？**Googleの動向も広告主の撤退も誰にもコントロールできませんが、それであれば、それに合わせたやり方をするまで**です。

アフィリエイトは個人のビジネスですから、全ては自己責任です。メリットだけでなく、これらのことを踏まえてアフィリエイトのことを考えてみましょう。

おさらい

アフィリエイトのメリットとデメリット

- アフィリエイトにはメリットもあればデメリットもある
- デメリットよりもメリットの方が大きい
- コントロールできないことには、それに合わせたやり方をしていく

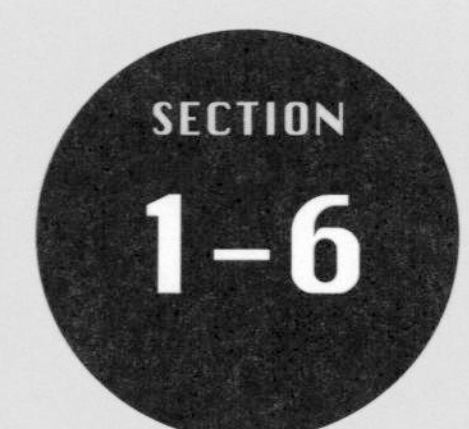

アフィリエイトで稼ぐために身につけておきたいスキル

アフィリエイトを学習することで希少なスキルがまんべんなく磨かれます。ここでは、しっかり稼ぎ続けるために身につけるべきスキルについて学びましょう！

あなたに身につけておいてほしい４つのスキル

アフィリエイトで稼ぐためにはさまざまなスキルが必要になります。たくさんあるのですが、ここではあなたに身につけておいてほしいスキルを４つ紹介します。

1. 検索力
2. SEOスキル
3. WEBライティングスキル
4. サイト作成スキル

それでは１つ１つ深堀りして説明していきますね！

❶ 検索力

稼げるアフィリエイターは、以下のスキルを持ち合わせています。

- ネットリテラシーがある（情報の良し悪しがわかる）
- WEB上のルールがわかる

- **適切な答えを導き出せる**
- **適切な答えをまとめることができる**
- **わかりやすい文章で伝えることができる**
- **文章で読者の行動を促すことができる**
- **文章で読者の感情を動かすことができる**

そのために絶対的に欠かせないのが「**検索力**」です。

厳しい言い方にはなりますが、わからないことをすぐに人に聞いてしまうようではアフィリエイトで稼いでいくのは難しいかもしれません。

インターネットの世界では「検索は文化」です。

ネットの世界で最も価値があるのは何でしょうか？

それは**情報**ですね。人は、何のためにインターネットを使うのでしょうか。答えは「知らないことを知れるから」です。「Googleの検索窓に文字を打ち込んでわからないことを調べる」これが検索ですね。

検索にもいろいろとコツがあり、検索が下手くそだと人よりも良い情報を手に入れにくくなってしまいます。

すごく失礼な言い方なので私はこの言葉が嫌いなのですが、ネットの世界ではそのような検索が下手な人たちのことを「情報弱者」「情弱」といったりします。

検索力が高ければ思った以上にメリットが多いのが事実です。検索力が高くなるとできることをいくつか紹介します。

時間を効率化できる

ほとんどのことは、人に聞くよりググった方が早いです。

ググるとは

俗に、検索エンジンであるGoogleで検索をすること

最近では10代、20代の若者世代はTwitterやInstagramなどのSNSで検索

することも多くなっているようです。わからないことを人に聞くとすれば、それをわかっている人を探して、その人の空いている時間にアポを取り、わかるように説明して答えをもらわなくてはいけません。

ですが検索すれば5秒で済みます。「時は金なり」ですから、ビジネスにおいてもネットを使ってやりたいのであれば、時間をかけて人に聞くより検索力を磨いて答えを導き出せるようにしなくては非常に非効率です。

アフィリエイトでは、基本的に**自分の問題は自分で解決していかなくてはいけません**。

会社に出社するのとは違い、すぐにわからないことを教えてくれる上司は隣にいないからです。

自己解決できたほうが時間も短く済みますし、質問したりして相手の時間を奪うこともありません。効率化を意識できる人はネットの世界で成功しやすいです。

情報を提供する側に回れる

アフィリエイトやブログは、わからないことを検索する人の気持ちを想定してサイトやブログを作りそこに広告を貼って収益をあげるビジネスです。**検索者の気持ちがわからなければコンテンツが作れません**よね。

情報を提供しようにも、検索している人の気持ちがわからなければどんな答えが欲しいのかわかりません。

人が欲しいもの……つまり**需要があるところに供給ができるからこそ価値が生まれビジネスとして成立する**わけですから、検索ができないと情報を提供する側には回れないということです。

- **人はどんなときにどんな言葉で検索するのか**
- **どんな内容が書いてあると広告をクリックしたくなるのか**
- **逆にどんなサイトやブログだとすぐに閉じてしまいたくなるのか**

提供する側に回るのであれば、提供される側の立場を深く知る必要があります。よく検索することで検索者の気持ちを深く理解することができますね。

質問力が磨かれる

わからないことを人に質問するのは悪いことではありませんが、**ネットの世界では人に質問するよりGoogle先生に質問したほうが早い**です。

私の元にも日々かなりの数の質問が来るのですが、本当に申し訳ありませんが検索せずに質問してきたなと思う質問に対しては回答していません。

「アフィリエイトって本当に稼げますか？」
「ドメインの取り方を教えてください」
「WordPressの立ち上げ方がわからないんですけど……」

このような質問が毎日のように来ます。全てに教えてあげたい気持ちはありますが、ごめんなさい……私のアフィリエイトに関するさまざまなノウハウは、すでにコンテンツとして発表済みなのです。

先ほどの質問への回答になるコンテンツはすでに無料で公開しているので、検索さえすれば、無料で閲覧できます。こういった質問をいただくと「**まずは検索しましょう**」と思うわけですね。

業界で有名な人に突然質問を投げかけても、返ってくる確率はおそらく低いでしょう。だからこそ、質問力が大事になります。しっかりと検索すれば、この辺りのことをはっきりさせてから質問することができます。

そうすれば、もしかしたら回答して貰えるかもしれません。もちろん100%ではないと思いますが「アフィリエイトって何ですか？」のような質問を投げかけるよりは、回答をもらえる可能性が高くなります。

KYOKOのアフィリエイトに関するコンテンツまとめ

【YouTube】

【BLOG】

【Voicy】

【Twitter】

※URLは巻末に記載しています。

❷ SEOスキル

SEOスキルについてはアフィリエイトをやっていくうちに自ずと身に付いてきます。ですが本書を通して事前知識を入れていくことで後の学習のしやすさに繋がっていくことでしょう。

前述したようにSEO対策とは、**巨大な集客媒体であるGoogleの検索エンジンの上位に自分の媒体を表示させる技術**のことです。

SEOノウハウはネット上にごまんと溢れていますが、誤情報も多くケースバイケースな面もありますから、正しい知識はかなり高い希少性を持ちます。

とはいえ、SEOの正解はGoogleの人間でさえわかっていませんし、公に発表されているもの以外誰にもわかりません。

検証と分析を繰り返しチューニングすることで得られた経験則でしかいえないのが本当です。

逆にいえば経験を踏むことで「こんなふうにしたら検索順位が上がった」「ここを変えると突然広告から商品が売れるようになった」などの経験則は、そこら辺のよくわからない情報よりも希少価値が高いものになります。

アフィリエイトをすることでこのスキルを高めることができるのはとてつもないメリットですね。

SEOと聞くとすごく難しく感じるかもしれません。私も最初そうでした。でも順を追って正しい方法を学習することで習得することができますよ。

❸ WEBライティングスキル

こちらもアフィリエイトをしていく上で自然に身に付いていくスキルとなります。もちろん事前にWEBライターとして活動されていた方であれば、アフィリエイトの理解もすんなりいくはずだと思います。

WEBライティングとはその名の通り**WEBに特化したライティングスキル**のことをいいます。

- SEOライティング
- セールスライティング
- コピーライティング

よく耳にするのはこの辺りでしょうか……

ざっくり説明すると……

- SEOライティング ➡ 検索結果の上位表示を目的としたライティング方法
- セールスライティング ➡ 営業トーク
- コピーライティング ➡ イメージを伝えるための文章

ネット上でアフィリエイト（つまり商品の紹介）をするわけですから、検索結果の目立つところに表示されなければ人は集まりませんし、広告リンクをクリックしてもらえるような記事の書き方ができなければ商品は売れません。

また、魅力的なサイトタイトルや記事のタイトルをつけるためにはコピーライティングの技術も必要になってきます。

正直なところWEBライティングのスキルは**ネットを使ったビジネスをするのであればアフィリエイト以外でも全てに必要なスキル**だと思っています。

ネットの世界でお金を稼ぐとき、最強の武器となるのがライティングスキルなのです。

私はアフィリエイトを始める前はWEBライターをやっていました。そのときに身につけたライティング能力がアフィリエイトサイトを作るときにすごく活きたことを覚えています！

❹ サイト作成スキル

サイト作成スキルもアフィリエイトをやっていく上で自然に身についてくるスキルです。

アフィリエイトをするために使う媒体にはたくさんの種類があるのですが、やっていくうちにそのほとんどを使いこなせるようになっていくでしょう。

媒体の例① HTMLサイト

いわゆる**ホームページ**というものです。

本来であればホームページは、HTMLやCSSといったコードを手打ちで記述して作るものですが、今は手軽に作成できるツールがたくさんあります。例えばWixやJimdoなどが有名ですね。小規模なアフィリエイトサイトならSIRIUSというサイト作成ツールもあります。

※ちなみにホームページとは、完成したらそのまま手をかけずに放置するタイプのものですから、基本的にあまり更新はしません。

- Wix　https://ja.wix.com/
- Jimdo　https://www.jimdo.com/jp/
- SIRIUS　https://sirius-html.com/

媒体の例② WordPress

WordPressは世界で最も有名なサイト作成ツールなのでアフィリエイトをやっていく上で必ず使うことになるでしょう。WordPressは**SEOに有効**とされており、Googleのマットカッツ氏も以下のような見解を出しています。

マットカッツ氏のWordPressへの見解

「WordPressは、非常に良い選択である。なぜなら、WordPressには、SEOに関するさまざまな問題を自動的に解決してくれる機能が備わっているからです。WordPressは、SEO対策の80%～90%に対処できるように設計されています」

媒体の例③　無料ブログ

無料で登録して運用することができるブログのことを「無料ブログ」と呼びます。デメリットも多いのですが手軽に始めることができる点が魅力です。

無料ブログの種類（他にも多数のサービスがあります）

- Seesaaブログ　https://blog.seesaa.jp/
- livedoor Blog　https://blog.livedoor.com/
- はてなブログ　https://hatenablog.com/
- FC2ブログ　https://blog.fc2.com/
- Amebaブログ　https://ameblo.jp/

さまざまな媒体がありますが、日々ブログの更新やサイトの作成をすることによってこれらの使い方は自然にマスターしていくでしょう。サイト作成スキルが身に付くと、アフィリエイト以外にも応用することができます。

例えば自分の本業に関わるホームページを作ったり、アフィリエイト目的ではない情報発信ブログを運営したり……。

ホームページの作成を専門の業者に依頼すると、数万から数十万円の料金がかかります。そう考えると、サイト作成スキルが身につくことは、とても素晴らしいことだと思えるでしょう。

無料ブログは料金がかからないので魅力的に感じるかもしれませんが、無料は無料なりの理由があります。無料ブログでは、稼げる金額もそれなりといった感じになるので、これから本格的にアフィリエイトをやっていこうと思っているのであればWordPressかHTMLサイトは作れるようになっておくことをおすすめします。

おさらい

- まずは自分で検索をして答えを探してみよう
- SEOで上位表示できるようなライティングスキルが必要
- 実際にサイトを作れるようになる技術も必要

SECTION
1-7 アフィリエイトの種類

アフィリエイトは、媒体・取り扱う商材・集客方法の掛け合わせによって手法が決まります。掛け合わせにはたくさんの種類があり、相性もあります。

アフィリエイトの種類

アフィリエイトと一口にいっても、その種類は非常に多いです。私の主観で図にまとめてみました。

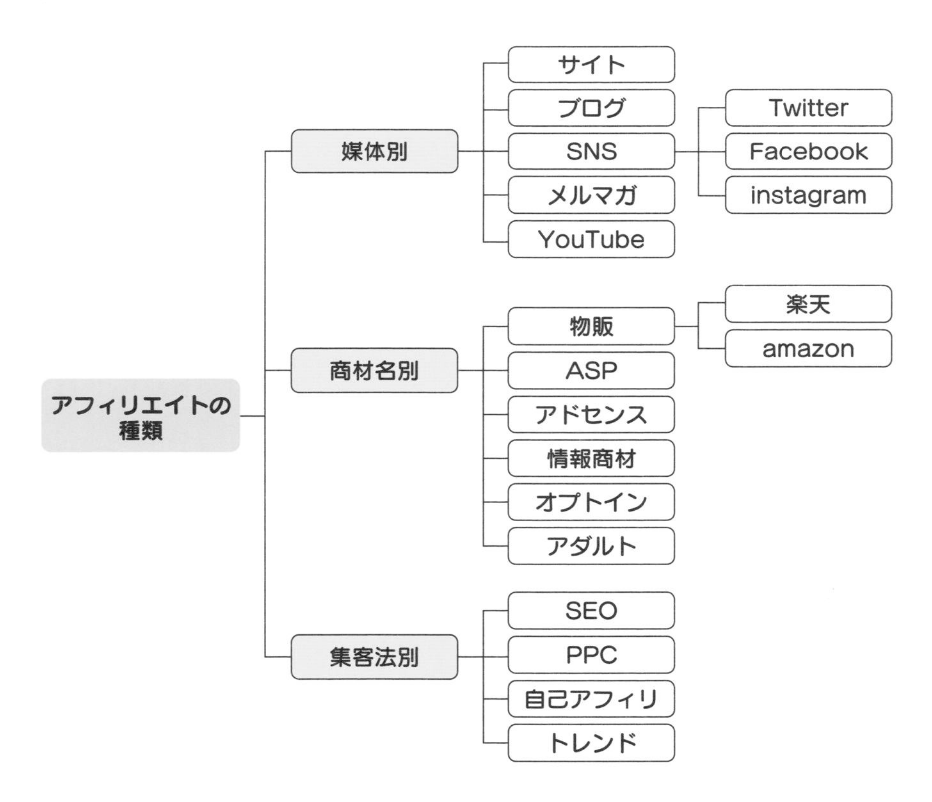

この図のようにアフィリエイトにはさまざまな種類と呼び方があります。アフィリエイトの原理原則は「**何かしらの媒体でアフィリエイトリンク経由で商品を紹介する**」ことです。商品を紹介する媒体によって呼び方が変わることが多いです。

- **ブログで商品を紹介 ➡ ブログアフィリエイト**
- **サイトで商品を紹介 ➡ サイトアフィリエイト**
- **メルマガで商品を紹介 ➡ メルマガアフィリエイト**

このような呼び方になっています。

媒体や商材によって手法が変わる

アフィリエイトでは、以下の要素の掛け合わせによって基本的な手法が決まっていますが、自分の発想次第でどのような組み合わせ方もできます。

- **運営媒体**
- **取り扱い商材**
- **集客方法**

組み合わせの相性はありますが「絶対にこのやり方でなくてはいけない」という決まりはありません。

ここでは、アフィリエイトの王道であるサイトアフィリエイトとブログについて解説していきます。

サイトアフィリエイトの特徴

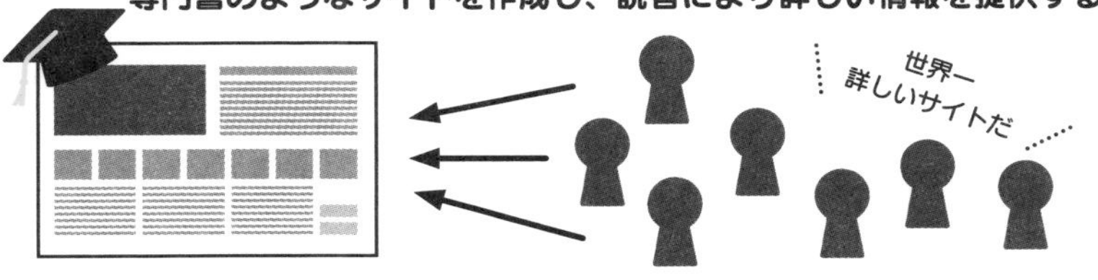

「アフィリエイトといえばサイトアフィリエイト」というくらい、サイトアフィリエイトは**アフィリエイトの王道スタイル**です。

サイトアフィリエイトでは、**ある程度事前に設計図を作ってからサイトを制作し、アフィリエイトの案件を紹介していきます**。

基本的には**ASPの案件を紹介することがほとんど**で、収益が高額になりがちです。

また匿名で運営することができるため、複数のサイトをリスクヘッジしながら運営することも可能です。サイトアフィリエイトでは、主に検索結果、つまり**SEO集客がメイン**となります。

サイトアフィリエイトの中にも、更なる細分化された種類があります。「**ジャンルサイト**」「**特化サイト**」「**ペラサイト**」の３つの種類について、規模感や収益化までのスピードなど、１つずつ見ていきましょう。

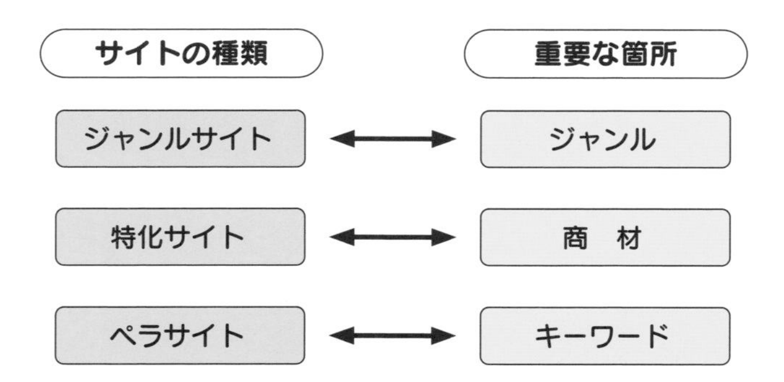

ジャンルサイト

ジャンルサイトでは**何か１つのジャンルに特化してサイトを作っていきます**。例えば「ダイエットの専門サイト」だったり「筋トレの専門サイト」といったようなサイトを作成します。

サイトアフィリエイトの中ではかなり規模感の大きなサイトになります。自分が決めたジャンルに関する記事をたくさん書いて、ジャンル名のキーワードや、収益の上がる強いキーワードを狙っていくイメージです。

ジャンルサイトで戦う場合はテクニックやコツが必要になるので、初心者にはおすすめしません。技術と資金ができたら挑戦すべきです。

特化サイト

サイトアフィリエイトでいうところの「特化サイト」は、**1つの案件に特化してサイトを作っていく**タイプのサイトです。

例えば「プロアクティブという案件に特化したサイト」になります。サイトの中にはプロアクティブにまつわるさまざまな記事を入れていきます。

目指すべきところは、**商標キーワードと呼ばれる商品名のキーワード**です。

その商品の知名度があればあるほど、商品名で検索されますから、上位表示していればアクセスが集まります。

さらにいうと商品名、つまり商標キーワードで検索してくるユーザーというのは「**すでに購入を検討している人**」です。

「ニキビ　原因」というキーワードで調べる人よりも「プロアクティブ　口コミ」などで調べる人の方が商品を購入してくれる可能性が高いのはわかると思います。これを狙うのが特化サイトです。

サイトの規模感としては中ぐらいといったところで、ジャンルサイトよりは小規模になります。稼げる金額も1つのサイトで月に30万～50万円位が平均です。

その案件の報酬単価や、検索ボリューム、案件の人気度などが関わってくるので一概にはいえませんが、人気の案件で上位表示できれば月に100万円を超えるポテンシャルも十分にあります。

ペラサイト

ペラサイトは**アフィリエイトの最小単位の手法**になります。

1つのキーワードに特化して1枚のページでサイトを作成するタイプのサイ

トアフィリエイト手法のことを**ペラサイト**といいます。ペラサイトでは、1ページのサイトを作って、１つの商品だけを紹介します。

- **１つのキーワード**
- **１つのドメイン**
- **１つのページ**
- **１つの商品**

このように圧倒的に１つのことを極めていくのがペラサイトの手法です。この「1を極める」スタイルのペラサイトは、**アフィリエイトを学ぶ上でこの上ない基礎学習コンテンツ**になります。1ができない人に、2も3もできません。

「1ページだから」と侮るなかれ。最小単位のサイトだからこそあらゆるパーツがしっかりしていなくてはいけません。

- **需要のあるキーワードとは何か？**
- **ライバルの少ないキーワードとはどんなものか？**
- **魅力的なタイトル付け**
- **最後まで読ませる記事の流れ**
- **キーワードに対するコンテンツの一貫性**
- **読みやすい記事の装飾**
- **クリックされやすいリンク設置箇所**

どの要素も、この先レベルアップするために絶対的に必要なものです。

ペラサイトではライバルのいないニッチなキーワードで、かつ購買意欲の強いキーワードを狙っていくので、報酬までのスピードが他のどんな手法よりも早いのが特徴です。

アフィリエイトで挫折する人のほとんどは、よくわからないまま**最初から技術の必要な大型サイトを作ろうとして失敗**してしまいます。

まぐれで当たることもあるかもしれませんが、まぐれに再現性はありません。私が運営する副業の学校でも、**最初はペラサイトでしっかりと基礎基本を学習し、特化サイト、ジャンルサイトと応用していくことをおすすめ**しています。

ブログの特徴

サイトアフィリエイトに負けず劣らず人気があるのが**ブログアフィリエイト**です。事前に設計図を作って完結させるサイトアフィリエイトと比較して、**ブログは「更新する」点や「作者の色を出す」点に違いがあります。**

サイトアフィリエイトと違って、ブログは**更新することで作者のファンになってもらいアクセスを増やしていく**のが特徴です。

更新型のブログは、**ASP案件のレビューや、クリック型広告のGoogle AdSenseでの収益と相性が良い**です。

さらに、自分をブランディングするスタイルのブログアフィリエイトには、Twitterなどの SNS からの集客とも相性が良いでしょう。

ブログも、運営スタイルによって種類が細分化されます。**「雑記ブログ」と「特化ブログ」**です。それぞれ見ていきましょう。

雑記ブログ

別名「ごちゃまぜブログ」ともいわれるのが**「雑記ブログ」**です。雑記ブログとは、**テーマの定まらないタイプのブログ**のことです。

ブログを更新しつつ、SNSなどを使ってブランディングしながら運営していく手法になります。雑記ブログを図で表すと、このようになります。

この例のように、一貫したテーマがなく、さまざまなジャンルの記事を書けるのが雑記ブログです。

図のブログでは、旅や育毛、恋愛などさまざまなテーマを取り扱っています。このようにジャンルに縛りのない雑記ブログでは、無作為に記事を更新できます。好きなテーマで記事が書けるので、初心者としては書きやすいでしょう。

ただ、Googleの特性上、テーマのまとまりのないメディアの評価は高くありません。

「1媒体内の専門性」が低いとSEOでの上位表示は難しくなるのです。ここが雑記ブログの難しいところになります。

100記事書いてようやくスタートに立てるくらいの収益イメージなので、SNSからたくさんのアクセスを見込めるような著名人でない限り、雑記ブログは初心者にはおすすめしません。

特化ブログ

続いては**「特化ブログ」**です。特化ブログは、**1つのテーマに特化してブログ記事を更新していく**タイプのブログになります。

例えば、子育てに関する情報発信を専門的に行うブログだったり、ダイエットに関する情報発信を専門的に行うブログだったりと、**何か1つのテーマに特化してコンテンツを作っていきます**。

1つのテーマに沿って専門的に記事を更新していくので、SEO的にも高評価を受けやすく雑記ブログよりも早く上位表示することができます。

さらにいうと**発信する情報に一貫性が出る**ため「何の人」なのか明確になりやすく、ファンがつきやすいのもメリットです。

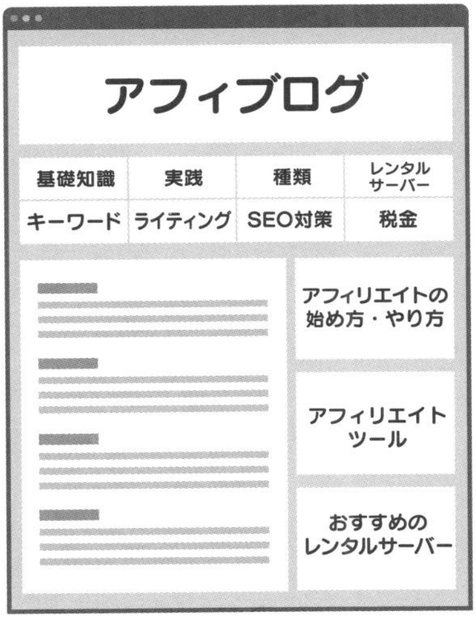

アフィブログ

基礎知識
実践
種類
レンタルサーバー
キーワード
ライティング
SEO対策
税金

アフィリエイトの始め方・やり方
アフィリエイトツール
おすすめのレンタルサーバー

この図のブログは「アフィリエイト」をテーマにしています。
アフィリエイトに関連するカテゴリが並んでいますね！

おさらい

アフィリエイトの種類を知っておこう！

- 「何かしらの媒体でアフィリエイトリンク経由で商品を紹介する」のが原理原則
- 紹介する媒体によって呼び方が変わる
- 組み合わせには相性がある

SECTION 1-8

サイトアフィリエイトとブログの比較

サイトアフィリエイトとブログは似て非なるもの。まずはそれぞれの特徴を理解することが大切です。違いがわかれば目的に沿って選択できるようになりますよ。

サイトアフィリエイトとブログの比較

アフィリエイトの王道であるサイトアフィリエイトとブログは、一見すると似ていますが、運営目的や運営方法などの面で異なります。細かな違いを以下の図で確認しましょう。

比較表

	サイトアフィリエイト	ブログアフィリエイト
運営媒体	SIRIUS・WordPress	WordPress
媒体イメージ	専門書	愛読書
媒体ボリューム	キーワードによるが比較的少なめ	大きい
更新	完結型	更新型
集客ルート	SEO（検索結果から）	SEO や複数の SNS を併用して行う
SEO 対策の強度	しっかり SEO 設計をする	弱めの SEO 対策
運営媒体数	複数	1 個か 2 個
主軸となるもの	キーワードにフォーカス	作者にフォーカス
収益化速度	かなり早い	比較的遅い
収益源数	主に ASP 案件のみ	マネタイズ方法は複数ある

サイトは「稼ぎありき」、ブログは「稼ぎは後回し」の考え方

サイトは最初に全体図を設計してから作成する媒体です。稼ぐために、キーワードや案件ありきで構築し、しっかりSEO対策します。さらに、テーマごとに、複数の媒体を作ります。

稼ぐ目的 ➡ **だから強めのSEO対策** ➡ **複数作成**

対して、ブログは基本的には1つしか作りません。本来、日記として使っていたブログを利用してブランディングすることで集客します。そして「稼ぎ」は後付けでプラスしていくイメージです。

最初は日記
↙
だからあまりSEOを意識しない ➡ **1つのブログを大事に育てる**

それぞれを、もう少し詳しく見ていきましょう。

サイトアフィリエイトは収益第一主義

収益を最大化させることを目的にサイトを作成するのが、サイトアフィリエイトです。誤解して欲しくないのですが「稼ぐためなら何でもする」という意味ではありません。

検索ユーザーの疑問の声である**キーワードありきで媒体を作っていく**ため収益に直結しやすいという意味です。

選ぶキーワードにもよりますが、早くて10日程で収益化できる方もいます。

サイトアフィリエイトでは、検索キーワードに沿って**専門書のような媒体**を作ります。**サイトの計画段階で設計図を用意し、それに沿ってサイトを完成させる**という流れです。

完結型で、なおかつ匿名性が高いのが特徴で「作ったら次」といった感じで、サイトを複数作成していくことで、複数のキャッシュポイントを持つことが可能です。

サイトアフィリエイトでは、日記のようなニュアンスの記事ではなく、あくまでもキーワードに対して誠実に答えを返す記事を書きます。

収益の上がるようなキーワードを積極的に狙ってサイトを作るので、時には1アクセスでも物が売れます。

取り扱う商材もASP案件が多く、1件売れると3,000円〜5,000円、高いものでは1万円以上の案件も取り扱うことがあります。**まとまった金額が稼げる**のも特徴です。

サイトアフィリエイトの具体的な始め方は、第4章で解説します。

ブログは情報発信の媒体

ブログはあくまでも情報発信の媒体です。サイトアフィリエイトで作るサイトが専門書なら、ブログは愛読書といったイメージです。

ブログでは、SNSなども活用しながら読者とコミュニケーションをとり、記事を更新していきます。すると、たとえSEOで上位表示しなかったとしても、読者はブログを見に行きます。**サイトアフィリエイトが「キーワードありき」なら、ブログは「信頼関係ありき」です**。

実際に商品を購入して使った体験談をレビュー記事として投稿したり、独自のコミュニティであるオンラインサロンを運営するなど収益化の方法は多種多様です。

稼ぎには繋がらないような一般的なキーワードで記事を書くことも多くなるため、サイトアフィリエイトよりもかなり多くのアクセス数が集まります。そのため、クリック型広告のGoogle AdSenseを併用することも多くなります。

信頼を得るために顔出しで運営するブロガーの方も多く「匿名性」はあまりないので、基本的には1つのブログをじっくり育てていくことになります。

サイトアフィリエイトとブログの違いについて、もっと詳しく知りたい方は、YouTube動画をおすすめします。

【2020年最新】初心者がネットで稼ぐなら サイトとブログどっちが稼げる？

https://youtu.be/CMr93A9aKrY

おさらい

サイトとブログでのアフィリエイトの違いを理解しよう

- それぞれ似ているが運営目的や運営方法が違う
- サイトは稼ぐことを目的に強めのSEO対策をしていく収益第一主義
- ブログはブランディングを行う情報発信の媒体。「稼ぎ」は後付け

SECTION 1-9

初心者は何から始めればいい？

アフィリエイトにはさまざまな種類があることを理解できましたか？　ここでは初心者が挫折せず実践するためには何から始めるべきなのか解説します。

ベビーステップを意識しよう

順番を間違えると、高い確率でアフィリエイトに挫折してしまいます。私の運営するスクール「副業の学校」には現在600名超の受講生が在籍しており、これまでもたくさんのアフィリエイトに関する質問や相談を受けてきました。

行き詰まっている方や、ドロップアウトしてしまう方は決まって、最初から難易度の高い手法のアフィリエイトにチャレンジしています。

覚えなくてはいけないことがたくさんある中で、**難易度の高いものから取り組み始めてしまうと、収益はおろか理解も追いつかず、結果的に「自分には無理だった」となってしまう**ことになります。

もしエベレストに登頂したいのなら、まずは練習で小さい山に登りますよね？　それと一緒です。アフィリエイトも、難易度の低いものから始めることをおすすめします。

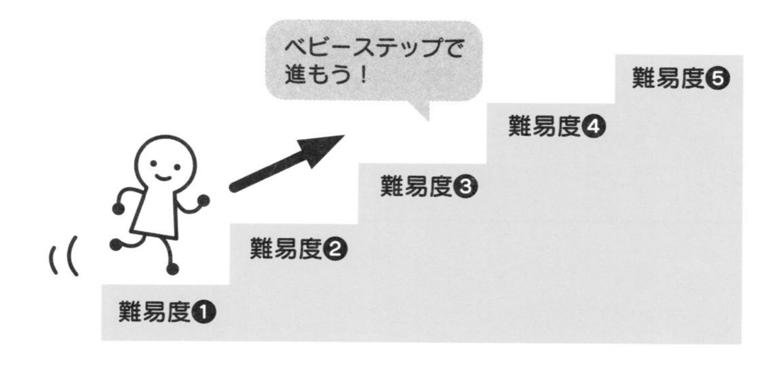

種類別アフィリエイトの難易度

私が考えるアフィリエイトのベビーステップは次のようになります。

難易度❶	【サイトアフィリエイト】ペラサイト	1つ1つの要素が最小単位であるため理解しやすく報酬までのスピードが速い。
難易度❷	【サイトアフィリエイト】特化サイト	仕組みがシンプルで理解しやすく大きな収益を狙える。
難易度❸	【ブログ】雑記ブログ	内部の構造を考えなくてはいけないが、大きなメディアを運営する練習になる。
難易度❹	【ブログ】特化ブログ	SEOとSNSを掛け合わせて情報発信し個人の人気を確立できる。
難易度❺	【サイトアフィリエイト】ジャンルサイト	サイト設計と膨大な記事数、さらに資金力が必要。稼げる金額も最上級。

概ねこのような難易度の順番になります。難易度に応じて、稼げる金額も大きくなるイメージです。難易度❸の「雑記ブログ」はすでに知名度がある人以外にはおすすめしないので、飛ばしてもいいかもしれません。

とにかく、まずはペラサイトで1を知ることから始めてみてください。ペラサイトを作成する中で、以下のようなことが学べたり、経験できたりします。

- **キーワードに対して適切なタイトルをつける**
- **1つのキーワードに対して適切な答えを書く**
- **1つのキーワードに対して適切なSEOライティングをする**
- **1つのキーワードで上位表示できるようになる**
- **1つの記事でマネタイズ動線を考える**
- **報酬の上がる経験をしてみる**

ペラサイトで経験を積み、これらをある程度理解できるようになったら、次のステップに進みましょう。ペラサイトを応用して、サイトの規模を大きくしていくのです。

最初から大きなサイトを作りたい人もいるかもしれません。しかし、1がしっかりできない人に2も3もできません。長く稼ぎ続けるためには基礎基本を徹底的に理解する必要があります。やはり難易度の高いものには順を追って取り組むべきでしょう。

稼ぎたいという気持ちが前に出すぎて、スキルがついていないのに難易度の高い手法を試そうとする人が多いです。
きちんと段階を踏んで進んでくださいね！

おさらい

初心者は何から始めればよい？　挫折しないためには？

- ベビーステップで進めていく
- サイトアフィリエイトのペラサイトから始める
- 基礎基本を理解したら早々に応用して規模を大きくしていく

アフィリエイト・ブログの事前準備

基本的にアフィリエイトは
初期投資や準備のいらないビジネスです。
ただし最低限必要なものもあるので、
この章で解説していきます。

アフィリエイト・ブログに必要なものを準備しよう

ビジネスの中でも群を抜いて初期投資が少なくて済むのが「アフィリエイト」。これが魅力の1つでもありますね。準備は先を見据えて行うようにしましょう。

アフィリエイトで稼ぐための準備物

アフィリエイトに必須の準備物は以下になります。

1. パソコン
2. インターネット回線
3. メールアドレス

❶ パソコン

アフィリエイト・ブログで稼ぐのであれば、これは必須です。「スマホ・タブレットでも稼ぐことはできませんか？」というお問い合わせは非常に多いです。正直できないことはありませんが、おすすめしません。趣味程度ならいいのですが**「稼ぐ」ということを考えると、スマホでは非常に効率が悪い**ので、やはりパソコンがあった方が良いでしょう。

質問

「WindowsかMacどちらがいいのか？」

自分のやるべき作業ができるなら最終的には好みでOKです。

ただし、注意点としてはソフトによってはMacに対応していない、Windowsに対応していない場合があるというところですね。

「デスクトップかノートパソコンか、どちらがいいのか？」

こちらはどのようなスタイルでやっていくのかによっても大きく変わってきます。

- **作業は自宅だけで行う ➡ デスクトップパソコン**
- **外出先で作業することもある ➡ ノートパソコン**

作業は自宅だけで行い、パソコンを持ち出すことがないのであればデスクトップをおすすめします。

理由としては、同じ金額をかけたときに、デスクトップの方がハイスペックであることが多いためです。ハイスペックであるほど、便利なソフトやツールを同時に動かすことができます。

❷ インターネット回線

アフィリエイトはインターネットを使うので、インターネット回線は必要になります。

ネット回線には有線タイプの光回線と、無線タイプがあります。無線タイプはWiMAXなどが有名です。

月額目安

有線　光回線	戸建て：5,000～6,000円　マンション：3,500～5,000円
無線回線	3,500～4,500円

特にこだわりがないのであれば、**速度制限のない有線タイプの光回線**がいいと思います。理由は、回線が安定していて早いからです。

今はスマホとのセット割りなどもありますし、家のネットにWi-Fiを導入すれば、スマホを家で使うとき、通信料を押えることも可能です。

❸ メールアドレス

プライベートのメールアドレスとは別に、**ビジネス用のメールアドレス**を作っておきましょう。

アフィリエイトを始めると、ドメインやサーバーの契約、ASPなどへの登録が必要になってきます。こういったサービスに申し込むと、たくさんのお知らせメールを受け取ることになります。

プライベートとビジネス用で同じアドレスを使っていると、メールがごちゃごちゃになってしまったり、大事なメールを見落としてしまったりなんてことがあるので、**プライベートとビジネス用でアドレスを分けておくのがおすすめ**です。

ビジネス用に新しくメールアドレスを取得するのにおすすめのサービスは、GmailやYahoo!メールです。いずれも無料で登録できるので1つ持っておくといいでしょう。

- Gmail　https://www.google.com/intl/ja/gmail/about/
- Yahoo!　https://mail.yahoo.co.jp/promo/

メールはプライベートとビジネス用で分ける他、ラベルやフォルダ分けなどをして、管理しやすくすると必要なときにすぐに探せるようになります。探すという手間をなるべく減らす工夫をしていくと良いです。

メールアドレスの取得方法の詳細を、YouTube動画で解説しています！

【2020年最新版】初心者でもできるGoogleアカウントの作成方法【Gmailの開設】
https://youtu.be/eb_Fbr7sdlo

【最新】Yahoo!JAPANのID登録方法｜初心者でも簡単にYahoo!メールの開設
https://youtu.be/RRE1Qt81R_E

後々必要になるもの

パソコンとインターネット回線とメールアドレスは、必需品といってもいいものです。

ですが他にも「すぐにではなくてもいずれ必ず必要になるもの」もあります。

- **銀行口座**
- **クレジットカード**

銀行口座は、いずれASPからの報酬を受け取るようになったときに必要ですし、効率化を図るためにツールを購入したりする際にはクレジットカードがあると便利です。

アフィリエイトで本格的に稼ごうと思えばレンタルサーバーを契約したり、サイトの住所となる独自ドメインを取得したりするのですが、クレジットカードを使えばその場ですぐに使うことができます。

後々必要になってくるものは申込だけでも進めておくといいですよ。手元に届くまでに時間がかかるものもあります。

おさらい

必須準備物のポイント

- パソコンは自宅でしか作業しないのであれば、ノートよりハイスペックなデスクトップがおすすめ
- インターネット回線は速度重視の有線タイプの光回線が良い
- メールアドレスは、フリーメールを活用してプライベート用とビジネス用でわけよう

SECTION 2-2

【心の準備】アフィリエイトは本当に稼げるのか？

アフィリエイトのような仕組みを構築するタイプのビジネスでは、収益化できるようになるまでの明確な答えはありません。ただし、収益化には「公式」があります。

アフィリエイトで収益化するための心得

場所も時間もやり方も全て自由なアフィリエイト。

そんな枠組みのないビジネスだからこそ「どれぐらいやったらいくら稼げるのか？」に明確な答えはありません。

労働型のビジネスではないので当然のことですが、これから取り組み始める初心者さんにとっては、先行きの見えない不安があるかもしれません。

ここでは収入に対する目安や、稼ぐために必要なことについてお話していきます。

稼げるまでどれくらいの期間がかかる？

アフィリエイトは仕組みを構築するタイプのビジネスです。行う手法にもよりますが、基本的には**最初の半年～1年は無報酬であることが多い**です。

そして突然ブレイクし、急に稼げるようになるというのがこの世界のセオリーになっています。媒体が大きくなればなるほど難易度が高くなるとお話

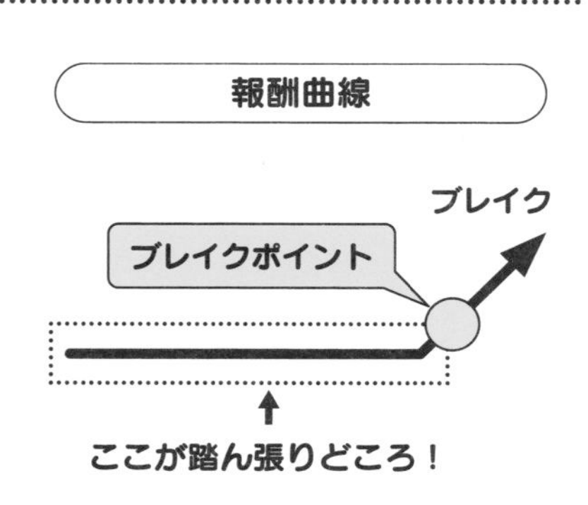

しました。難易度が高いアフィリエイト手法は、稼げる金額は大きいですが、収益化までの時間がかなりかかります。難易度の低いアフィリエイト手法はその逆で、媒体の規模が小さく収益化までの時間がスピーディーです。ただし、その分1つの媒体で稼げる金額は少額になります。例えばですが、**最小規模のペラサイトならサイトを作って1時間で報酬が発生することさえあります**。

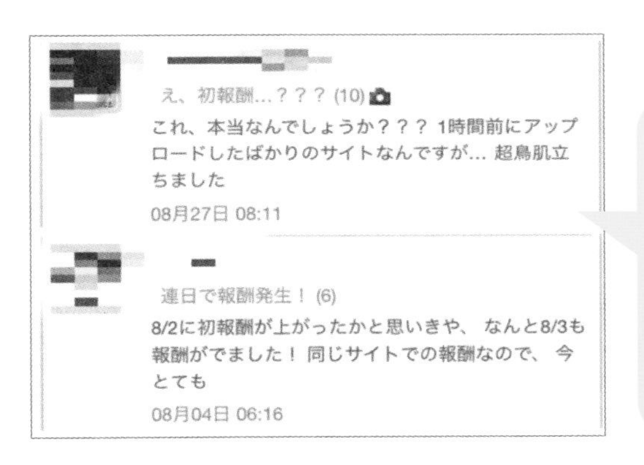

ペラサイトで最速で初報酬を受け取った人の生の声。
最速で成功体験を積むことでモチベーションがアップします。

ただし、ペラサイトはパワーが弱く、1つの媒体で長く稼ぎ続けることは難しいです。

一方、媒体の規模が大きくなりがちなブログでは「まずは100記事」というのが通説で「半年たってようやく初報酬」ぐらいのスピード感になっています。その代わり規模が大きいので媒体のパワーがつきやすく、収益化の息が長いのも特長です。

ただし、どの手法をとっても、絡み合う要素次第ではこの限りではありません。例えば、次のようなことがいえます。

- **1日1時間しか作業していない人と、1日5時間作業している人とでは違います**
- **1ヶ月に1記事しか書かない人と、毎日記事を更新している人とでは違います**
- **全てを無料で済ませようとしている人と、資金をかけてクオリティアップしている人とでは違います**

時間 × 作業量 × 投資 ＝ 収益

上記が「アフィリエイトでどれくらいの収益をあげられるか？」の公式になります。稼ぎたい金額にもよりますが月に５万円と定義した場合、小規模なサイトで行えば３ヶ月〜６ヶ月ほどで達成できるはずです。もちろん正しいやり方で継続した場合のみですが。

「なーんだ、継続さえすれば稼げるのか」と思ったそこのあなた。よく聞いてください、アフィリエイトほど継続するのが難しいビジネスはないんです。

稼ぐために１番必要なのは「続けること」

アフィリエイトを始めた95％の人が、5,000円も稼げないまま辞めてしまいます。

最初は「よし、稼ぐぞ！」と意気込んでみたものの、その頑張りに対して思いのほか結果は出ません。

労働型収入の考えでいけば、働いた分はイコールとなってお給料に反映されるはずです。その常識がアフィリエイトをする上で私たちを非常に苦しめます。

「どれぐらいやったらいくら稼げる」という明確な決まりがないわけですから、先行きの見えない暗いトンネルの中を手探りで進んでいくようなものです。

もしかしたら間違った方向に進んでいるかもしれないし、出口はないのかもしれない。そう考えたときに続けられる人はそう多くはありません。

- **一生懸命記事を書いても無駄になってしまうのではないか**
- **そもそもアフィリエイトなんて詐欺だったんだ**
- **もしこのまま報酬が出なかったらかけた時間が無駄になってしまう**

こんな気持ちが頭の中でぐるぐる周り、結局パソコンを閉じてしまい、結局挫折してしまう人が多くいます。ですが、解決策は簡単です。

この２つを念頭に置いておけば、意外と継続することはできます。

❶ **すぐに結果は出ないものと心得ておくこと**
❷ **早めに成功体験をする**

「楽して簡単に稼げる」と認識している人は理想と現実のギャップから作業を続けることができません。まずはその常識を取り払いアフィリエイトをビジネスと認識するべきです。

そして前述したように、最初から難易度の高いやり方で行わないことです。１つの区切りである「初報酬」までたどり着くのが、途方もなく遠くなるからです。

継続するためのモチベーション維持のためには、早い段階で成功体験を積むことが大切ですから、最初は難易度の低いものからベビーステップを踏むことをおすすめします。

ブレイクポイントまで継続することができた人は、一般の感覚では考えられないような金額を稼ぐことができるようになります。

自転車もこぎ始めはペダルが重いものです。ロケットも大気圏を抜けるまでにたくさんのエネルギーを消費します。ですがその後は楽ですよね。そこまで行くのが大変ですが、アフィリエイトは正しいやり方で継続することさえできれば必ず結果の出るビジネスです。

おさらい

アフィリエイトは稼げるのか？

- アフィリエイトで収益をあげるための公式は「時間×作業量×投資＝収益」
- 継続が前提！　すぐに結果は出ないものと心得ておく
- ベビーステップでなるべく早くに成功体験を積むことで継続できる

SECTION

2-3 ASPに登録しよう

ASPに登録することで自分の媒体に掲載する各種広告を取り扱えるようになります。ASPへの基本的な登録の流れは一緒です。複数登録をして案件を比較しましょう。

広告を取り扱えるように準備しよう

アフィリエイトを行っていく上で絶対に外せないのはASPへの登録です。

ASPとは

Affiliate Servie Providerの略で広告主とアフィリエイターとの間でアフィリエイト案件を仲介する業者のこと。

ASPは紹介する商品が集められている場所ですから、ASPに登録しなくては広告主の案件を取り扱うことができません。

そしてASPと一口にいっても、その数はとてもたくさんあります。

また得意としているジャンルや扱っている広告数、登録するための条件などもさまざまです。

複数登録しても問題ありませんので、主要なASPには登録してみましょう。

主要なASPとは

ASPにはさまざまなタイプがあります。

- **総合型アフィリエイトASP**
- **クリック型アフィリエイト**
- **アプリ型アフィリエイト**
- **物販型アフィリエイト**
- **クローズドASP**

その中でも幅広く広告を保有しているのが**総合型アフィリエイトASP**です。
広告案件のラインナップが豊富であることが最大の魅力であり、アフィリエイトをしているほとんどの人が登録をしているでしょう。
その中でも有名なASPは以下の３社です。

A8.net	会員数・広告数ともに国内最大規模。 とにかく掲載数が多く、何か自分のサイトで紹介したいものがあればまずはA8.netで探してみるのがおすすめ。
afb（アフィビー）	「美容」「エステ」「婚活」などに強いASP。
アクセストレード（アクトレ）	「金融・保険」「Eコマース」「エンタメ」「サービス業」の業界に強い。

最初はこの３社に登録すると良いでしょう。広告登録件数も多く、案件選びに困らないはずです。

A8.netに登録する

今回はアフィリエイターのサポート体制が好評で、初心者にも使いやすいASPであるA8.netに登録していきましょう。

❶ ASPにアクセスし無料会員登録をする

A8.net（https://www.a8.net/）にアクセスします。画面左上にある「アフィリエイトをはじめてみる！」をクリックします。

❷ 規約に同意する

メールアドレスを入力し、利用規約を確認します。「利用規約に同意する」と「私はロボットではありません」にチェックを入れて「仮登録メールを送信する」をクリックします。

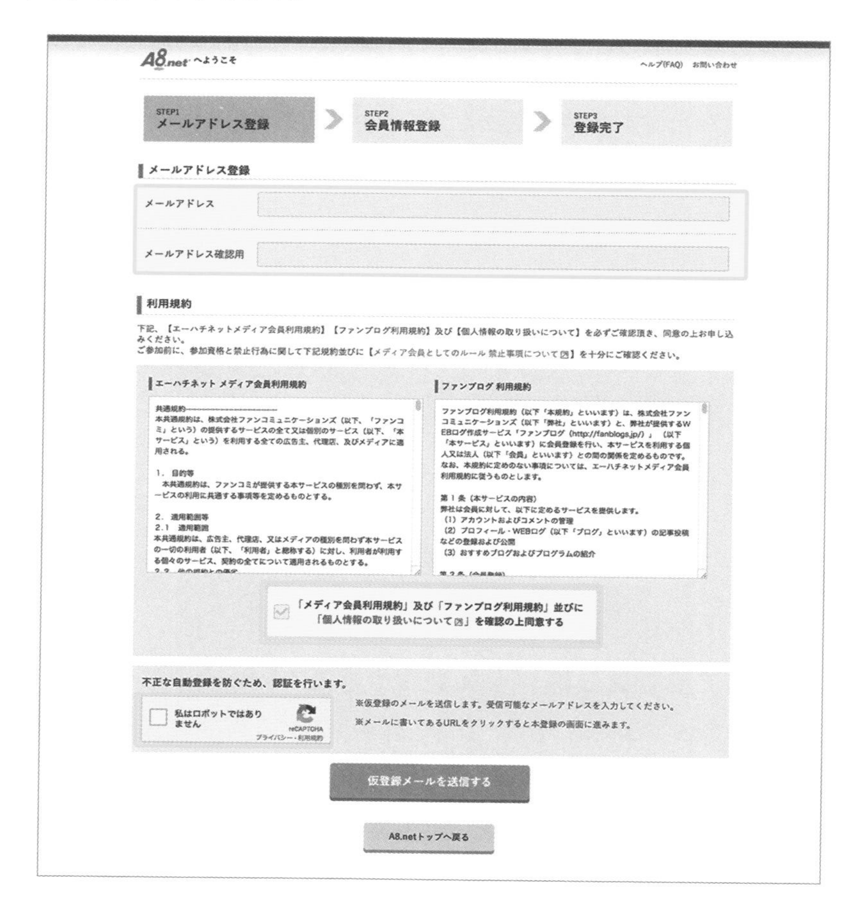

❸ 基本情報を入力する

届いたメールを確認します。メールに記載されたURLをクリックすると「基本情報」の入力に進みます。メールアドレスなどの必要事項を入力しましょう。この時点で自分のメディア（サイトやブログ）をまだ作成していない場合は、最後の項目で「サイトをお持ちで無い方」を選びます。すでに作成している場合は「サイトをお持ちの方」を選びます。

A8.net　ヘルプ(FAQ)　お問い合わせ

登録までのステップ

STEP1 基本情報入力 > STEP2 メディア情報入力 > STEP3 口座情報入力 > STEP4 入力内容確認・修正 > STEP5 登録完了

基本情報入力

ログインID 必須　6文字以上20文字以内の半角英数字がご利用できます。例）abc、ABC、012など 登録後の変更はできません。

パスワード 必須　6文字以上24文字以内の半角英数字・記号がご利用できます。例）abc、ABC、012、$#%など

パスワード（確認用） 必須

区分 必須　個人 又は 個人事業主　法人

氏名 必須　(姓) 山田　(名) 太郎　本名でご登録ください。

フリガナ 必須　ヤマダタロウ　氏名と一致するフリガナをご記入ください。

メールアドレス（PC） 必須　sample@xxx.xxx

電話番号 必須　ハイフン「-」を入れずにご入力ください。例）09012345678

生年月日 必須　- 年 - 月 - 日　登録後は変更できません。

性別 必須　未選択　男性　女性

郵便番号 必須　郵便番号から住所を入力

都道府県 自動

市区町村 自動

番地　連絡の取れる居住地を正確にご登録く

次のステップ > メディア情報入力

アフィリエイト広告を掲載するサイトやブログ、アプリの登録を行います。

サイトをお持ちで無い方 >　サイトをお持ちの方 >

アプリ開発者の方はこちら

❹「メディア情報」を入力する

自分のメディア（サイトやブログ）を持っていない場合は、ここでファンブログを開設します。自分のメディア（サイトやブログ）を持っている場合は、その情報を入力しましょう。最後に「口座情報を登録する」をクリックします。

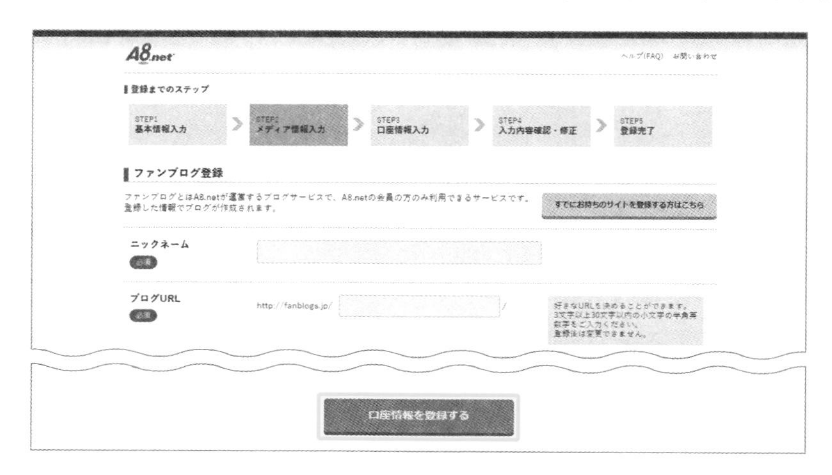

❺「口座情報」を入力する

報酬を振り込んでもらう口座を登録します。ゆうちょ銀行、その他の銀行から選択できます。入力が終わったら「確認画面へ」をクリックします。

A8.net
ヘルプ(FAQ)　お問い合わせ
登録までのステップ
STEP1 基本情報入力
STEP2 メディア情報入力
STEP3 口座情報入力
STEP4 入力内容確認・修正
STEP5 登録完了
口座情報入力
成果報酬の振込み用の口座の登録を行います。振込手数料について（銀行によって振込手数料が変わります）
金融機関
必須
ゆうちょ銀行　その他の銀行
ゆうちょ銀行
記号
必須
番号
必須
「通常貯蓄貯金」の口座はご利用できません。
口座名義人
確認画面へ

❻ 登録する

入力内容を確認し「上記の内容で登録する」をクリックします。

A8.net

ヘルプ(FAQ)　お問い合わせ

入力内容確認・修正

基本情報	
ログインID	testid
パスワード	******
区分	個人
氏名	英八太郎
フリガナ	エーハチタロウ
メールアドレス（PC）	sample@xxx.xxx
電話番号	12345678
生年月日	1999年1月1日
性別	男
郵便番号	123-4567
都道府県	東京都
市区町村以下	渋谷区渋谷
建物名	エーハチマンション

修正する

サイト情報	
サイト名	エーハチサイト
サイトURL	https://www.sample.xxx
サイトカテゴリ	インターネットサービス
運営媒体	webサイト・ブログ
サイト開設日	2019/01
月間訪問者数（延べ）	5以下
月間ページビュー数	100以下
サイト紹介文	ここにサイト紹介文が記載されます。

修正する

口座情報	
銀行名・支店名	エーハチ銀行・エーハチ支店
口座種類	普通
口座番号	1234567
口座名義人	エーハチタロウ

修正する

おすすめプログラムへの提携申込み

以下のプログラムを選択すると、A8.net登録後すぐに広告を貼る事ができます。
気になるプログラムには、まず提携申込みをしましょう！

※「成果報酬」とは、広告掲載の売上が確定された場合にあなたが受け取る事のできる金額です。

※その他、A8.netの【メディア会員募集プログラム(s00000000002006)】にも自動で提携申込みされます、予めご了承ください。（※申込み必須。提携には審査が必要です）

上記の内容で登録する

❼ 登録完了

登録が完了しました。登録したIDとパスワードは、今後A8.netにログインするときに使用します。忘れないようにどこかにメモしておきましょう。

他のASPにも登録しよう

A8.netと同様に、以下のASPにも登録しましょう。

- **afb（アフィビー）**
- **アクセストレード（アクトレ）**

登録方法はどのASPも似ているので、問題なく登録できるでしょう。複数のASPに登録する理由は、**そのASPにしか取り扱いのない案件などがある**からです。また、**同じ案件でもASPによって報酬単価が違う**こともあります。ASPへは、複数登録するようにしましょう。

登録だけでも、聞きなれない単語があると時間もかかるかと思います。ですが、焦らず着実に進めていきましょうね。

おさらい

初心者にも使いやすいASPに登録しよう

- A8.netはアフィリエイターのサポート体制が好評で、初心者にも使いやすい
- ASPによって同じ案件でも報酬単価が違うこともある
- 独占案件などもあるため、複数登録しておく

SECTION 2-4

レンタルサーバーを用意しよう

しっかりとアフィリエイトで稼いでいきたいのであれば、レンタルサーバーを用意し、独自ドメインでサイトを運営するのが得策です。

どのレンタルサーバーを選べばいいのか？

「サーバー」は、ネット上の土地のようなものです。アフィリエイトをするサイトやブログはこのネット上の土地であるサーバーに作っていきます。サーバーをレンタルしてくれるサービスが「レンタルサーバー」サービスです。

サイトを作成するために、レンタルサーバーに契約しましょう。

たくさんのレンタルサーバーサービスがあるので「いったいどれを選べばいいのか？」「その基準は……？」と迷ってしまう人もいるでしょう。

まず、レンタルサーバーを選ぶ時は以下の3つのポイントをチェックしましょう。

- **価格**
- **品質（サイトの表示スピードや容量など）**
- **セキュリティとサポート**

上記のポイントを総合的に兼ね備えているおすすめのレンタルサーバーを3つ紹介します。今回紹介させていただいた3つのレンタルサーバーは、どれも大手運営会社のものです。

レンタルサーバーにはスペックごとにプランがあるのですが、表はそれぞれ最下位プランでの価格で表記しています。

比較表

レンタルサーバー名	月額	運営会社
ConoHa WING	月 720 円〜	GMO インターネット
heteml サーバー	月 800 円〜	GMO ペパボ
エックスサーバー	月 720 円〜	エックスサーバー株式会社

最下位プランでも初心者の方には十分すぎるスペックなので安心してください。また価格面では契約期間によっても月額あたりの費用が変わってきます。

一般的にはサイトやブログを運営するとなれば長期間を想定しますから「1年契約」が普通ですね。

無料でアフィリエイトすることはできないのか？

アフィリエイトは無料ブログなどのサービスを使って行うこともできますが、**無料の媒体を使ったアフィリエイトはおすすめできません**。

無料ブログサービスの中で自分のブログを作っても、運営サービス側の都合で突然記事が消されることもあります。

また、無料ブログサービスでは商用利用、つまりアフィリエイトを禁止しているところも多いです。

このように、無料ブログは稼ぐ場所として非常に不安定です。**しっかりアフィリエイトで稼ごうと思えば、自分だけの媒体を持つ**必要があります。

サイトの住所にあたるURLは「**ドメイン**」と呼ばれ、このドメインを取得することで自分だけのサイトを運営することができます。無料ブログと独自ドメインで運用する媒体は「持ち家と賃貸」の関係性になります。

持ち家のようにしっかり自分が所有権を持って運営する独自ドメインは、レンタルサーバーに設置し使用します。

そうすることで自分の敷地に一軒家を建てるように自己所有のサイトを持つことができますので、次のようなメリットもあります。

- **サイトのデザインを変えるのも自由**
- **サイトの規模を変えるのも自由**
- **突然消されたりすることもありません**
- **SEO的にも無料ブログに比べて有利**

レンタルサーバーの契約方法

ここではGMOペパボ株式会社が運営する「**ヘテムルサーバー**」の契約方法について解説していきます。

❶ 新規登録する

hetemlサーバー（https://heteml.jp/）にアクセスし「簡単登録でお申し込み」をクリックします。

❷ 必要事項を入力する

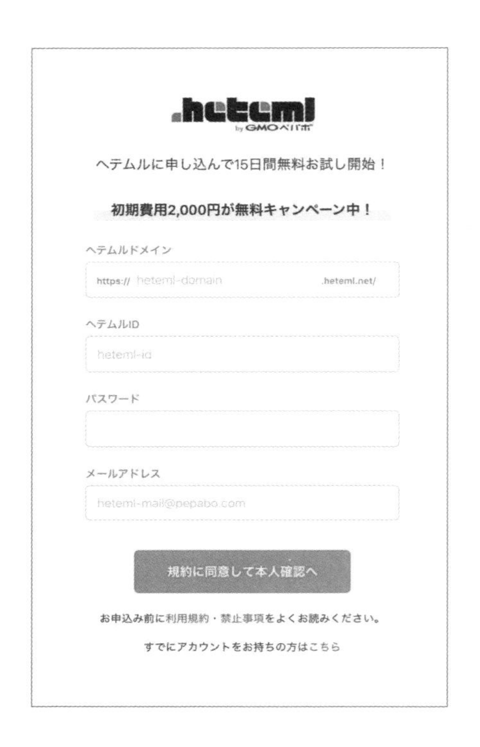

- **ヘテムルドメイン**

　英数字とハイフンを利用して入力していきます。

- **ヘテムルID**

　「ヘテムルドメイン」を入力すると自動で同じものが入力されます。

- **パスワード**

　半角英数字を利用して6文字以上でパスワードを決めていきます。

- **メールアドレス**

　ヘテムルからのお知らせなどが届くので、随時確認しやすいアドレスを入力しましょう。

❸ SMS認証

　画面の指示に従い、SMS認証で本人確認をします。

.heteml
by GMOペパボ
SMS認証による本人確認
ご本人確認のため、電話番号による認証を行います。
電話番号
09012345678
☐ SMSではなく音声通話による認証を利用する
※ 入力後すぐに受信を確認できる電話番号をご入力ください。
※ 日本国外の電話番号をご利用の方は、国番号をご入力ください。
例）+8180XXXXXXXX
※ IP電話（050から始まる番号）の方はご利用できません。
※ 海外からのSMS、着信を拒否している方は解除してください。
※ 音声通話による認証を利用する場合は番号非通知にて着信があります。
非通知着信を拒否している方は解除してください。
認証コードを送信する

完了後『「15日間」無料お試しのご案内【heteml】』というメールが届きます。

これまで設定したものが記載されていますので、しっかりと保存しておきましょう。

15日間お試し

ほとんど本契約と同等のサービスを15日間無料で受けることができます。

- **独自ドメインを設置してサイトの運営ができる**
- **WordPressをインストールしてブログの作成ができる**

各機能を実際に試して本契約するか否か決めることができます。本契約した際は無料期間中に作成したものを引き継げるので安心ですね。

おさらい

アフィリエイトで稼ぐためにはレンタルサーバーは必須

- 無料のサービスでは突然記事が消されてしまうこともある
- 自分が所有権であれば消される心配はない
- サーバーはネット上の「土地」のようなイメージ

SECTION

2-5 ドメインの取得方法

自分が運営するサイトの住所にあたるURLを「ドメイン」といい、これを自己所有して運用していくのが独自ドメインになります。ここでは独自ドメインについて理解し取得方法についても学習していきましょう。

独自ドメインとは

ドメイン取得サービスを利用して入手する任意のホームページアドレスのことを**独自ドメイン**といいます。

なぜ、独自ドメインを取得するのかというと、インターネット上の所在地を明確化するためです。

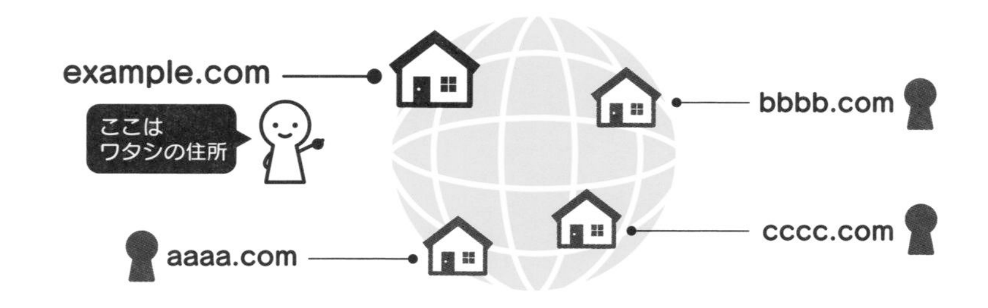

上記のドメインであれば「example.com」の部分を独自ドメインとしてユーザーが好きな固有の文字列を決められます。

そのため、同一のドメインで、WEBサイトを立ち上げることはできません。自宅の住所が重複して利用できない原理と同じです。

無料ブログサービスを使えば独自ドメインを取得する必要はありませんが、運営会社のドメインを間借りする形になるので稼ぐサイトを作るのには向いていません。無料ブログサービスで作ったサイトは運営会社の都合で消されてしまうこともあるので、長く稼ぎ続けるためには独自ドメインでのサイト運用が必要不可欠です。

ドメインの種類

英語ドメイン	英語の羅列で取得したドメインのことを指します。 例）https://kyoko.com
日本語ドメイン	日本語表記のドメインのことを指します。 例）https:// きょうこ .com
中古ドメイン	過去に誰かが使っていたドメインのことを指します。

ドット以下の文字のことをトップレベルドメインと呼び、サイトの用途によってさまざまなものを選ぶことができます。

トップレベルドメインの種類

- .com ➡ **商用向けドメイン**
- .net ➡ **ネットワーク関連のドメイン**
- .jp ➡ **日本居住者限定のドメイン**
- .org ➡ **非営利団体を意味するドメイン**
- .info ➡ **情報サービス向けドメイン**
- .biz ➡ **ビジネス向けドメイン**
- .site ➡ **場所や会場に関するドメイン**
- .xyz ➡ **誰でも利用できる汎用性の高いドメイン**

利用目的はさまざまあるとはいえ、これはあくまでも目安なので、基本的にはこの中からどんな目的であっても自由に使えます。

※トップレベルドメインの種類は上記の他にもたくさんあります。

独自ドメインの取得方法

ここでは例として、ムームードメインに登録し、ドメインを取得しましょう。

❶ ドメイン会社に登録する

ムームードメイン（https://muumuu-domain.com/）のトップページ右上「ログイン」から会員登録を行います。画面にしたがって必要事項を記入し、会員登録を済ませます。

❷ 検索窓に希望のドメイン名を入れる

会員登録が終わったら、希望のドメインを取得していきます。トップページの検索窓に希望のドメイン名を入れて「検索する」をクリックします。ここでは「kyoko-affiliate」と入力しました。

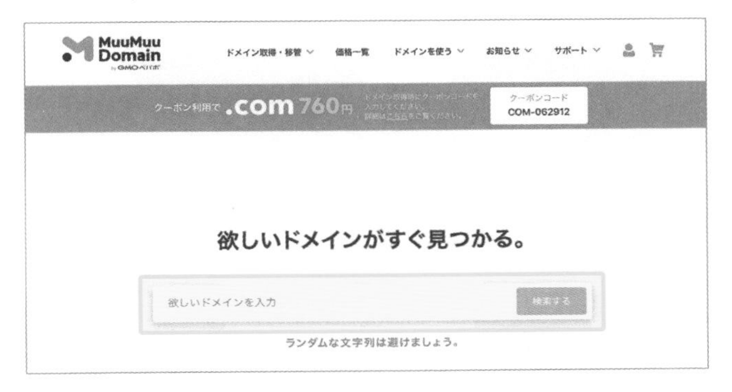

❸ 希望のトップレベルドメインを選択する

次にトップレベルドメインを決定していきます。ここでは「.com」を選択しました。購入できる状態であれば「カートに追加」ボタンが表示されるので、これをクリックしてカートに追加します。

MuuMuu Domain
by GMOペパボ
ドメイン取得・移管
価格一覧
ドメインを使う
お知らせ
サポート
欲しいドメインが見つからない場合は再検索してみましょう
kyoko-affiliate
検索する
kyoko-affiliate.com 1,160円 カートに追加
都道府県型JPドメイン検索 → プレミアムドメイン検索 →
カテゴリーで絞り込む
人気
kyoko-affiliate.jp 国内最安値 2,049円 カートに追加
kyoko-affiliate.tokyo 75円 カートに追加
kyoko-affiliate.com
kyoko-affiliate.site
カートに追加しました 1
kyoko-affiliate.com 1,160円 ×
すべて削除
お申し込みへ

❹ 各種設定を行う

次に取得するドメインのwhois情報公開やネームサーバーの設定をしていきます。whois情報を「公開」にしてしまうと自分の個人情報がネット上に全て公開されてしまいますので「**弊社の情報を代理公開する**」に設定しましょう。

ネームサーバーは設置するサーバーについての設定です。ご自身が使っているレンタルサーバーのネームサーバーを調べて選択します。

ネームサーバーとは

取得したドメインとIPアドレスを結びつける働きがあります。ドメインにネームサーバーを指定することによって、ドメインとサーバーを紐づけできます。

ネームサーバーの情報は、サーバー会社から契約時に届くメールに記載されています。準備しておくとスムーズですね。

❺ 支払いをする

支払いの際にはドメインの契約年数を「1年」にしましょう。最初から見通しは立たないと思うので、1年更新にすれば毎年見直しすることができます。

お支払い

※請求書・領収書の発行は行っておりません。予めご了承ください。

※お申し込みいただいたドメインの価格はお得な特別価格が適用されています。

ドメインの契約年数	1年 ▼
お支払い方法 ?	クレジットカード決済 ▼ ※ムームーメールを利用する場合、銀行振込とコンビニ決済は選択できません。 ※WPホスティングを利用する場合、銀行振込とコンビニ決済、AmazonPayは選択できません。
クレジットカード情報	クレジットカード番号 有効期限(MONTH / YEAR) カード名義人(ローマ字) 変更する
ドメイン価格	¥1,276 (消費税 ¥116)
お支払い金額合計	¥1,276

追加サービスの案内などは「次のステップへ」を選んでスキップして大丈夫です。

問題なければ利用規約にチェックをし「取得する」をクリックすれば独自ドメインを利用できるようになります。

取得した独自ドメインは、ご自身が使っているレンタルサーバーに設置することで運用開始となります。

おさらい

独自ドメインを取得しよう

- ドメインはネット上の「家」（住所）のようなイメージ
- 独自ドメインなら無料ブログと違って突然消される心配もない
- トップレベルドメインの利用目的は目安

アフィリエイト・ブログの基礎知識

アフィリエイトやブログは、WEBを使ったマーケティングの一種です。
ただなんの気なしに日々の出来事を日記のように綴るだけでは
ビジネスとはいえません。集客方法やマネタイズ方法、WEBに適した
ライティングまでさまざまな基礎スキルが必要になります。
それはどのようなアフィリエイト手法で行ったとしても基本装備として
持っていなくてはいけません。とはいえひとつひとつ学習すれば
難しいものではありませんので安心してください。

SECTION 3-1

サイトにたくさんの人を集めるには？

サイトを作っただけでは、なかなか人は集まりません。ここでは「自分のサイトを見てもらうために、どうやって人を集めるのか？」この施策について解説します。

WEB上の２大集客ルートとは

皆さんは、自分のサイトにどのように人が来ると思いますか？

もちろん作ってアップロードしたからといって「その日からたくさんのアクセスが集められる」なんてことはありません。

最初はその存在を知られることもなくほとんどアクセスはないでしょう。ではどうやってたくさんの人を集めれば良いのでしょうか？

WEB上の２大集客ルートといえば、SEOとSNSです。

SEOからの集客

SEOとは「**S**earch **E**ngine **O**ptimization」の頭文字を取ったもので、**検索エンジン最適化**という意味です。

日本の人口がおよそ1.2億人なのに対し、日本のインターネット利用者数は2016年の時点で１億86万人いると言われています。

つまり日本人のほとんどが何かしらインターネットを使っているということです。

そして、そのインターネット利用者数のうち、**パソコンでは88.17%、モバイルでは99.30%の人たちがGoogleを使っています**。

SEOとは、この**Googleの検索エンジンに対し検索結果の上位に表示させるため、コンテンツを最適化させる技術**です。

皆さんも検索をするときに、検索結果の上の方にあるサイトをクリックしますよね？

「検索結果の上の方にあるサイトの方が正しい情報や優良な情報が載っている」というイメージを持っている方も多いのではないでしょうか。

厳密にはその限りではないのですが、検索キーワードに対し適切な対策を行うことで検索結果の上位に表示させることができます。

検索結果の上位に表示されれば、どれだけ多くのユーザーが皆さんのサイトに訪れるでしょうか？

リアルビジネスのように、顧客に電話をかけて営業する必要もありません。駅前でチラシを配る必要もありません。

ただ検索結果の上位に表示されるだけで、Googleを利用している1億人のユーザーにアプローチできるわけです。

SEO集客についてはサイトアフィリエイトを行うにしてもブログをするにしても、外せない要素となります。

SNSからの集客

もう1つの集客口は**SNS**です。

ICT総研によれば日本国内のSNS利用者は2020年末には7937万人にまで膨れ上がると予想されています。

その中でもTwitterは2017年の時点で4500万人の利用者がいます。

主なSNS

- Youtube
- Twitter
- Instagram
- Facebook
- Pinterest

※2018年、2019年は公に利用者数の発表はありません。Instagramが2019年で3300万人。Facebookが2019年で2600万人。

1人で複数のSNSを使っている人も多いですよね。私自身もYouTubeのほか、上記で挙げた全てのSNSを使っています。

通常「SNS」と聞けば、家族や友達などの閉ざされたコミュニティの中でやり取りをするイメージかと思います。ですがこれだけたくさんの利用者がいるわけですから、マーケティング、つまり**SNSを通じて集客することも大いに可能**です。

- **個人のブランディングに役立つYouTube**
- **拡散性の高いTwitter**
- **ビジュアルイメージを伝えやすいInstagram**

用途によってはSNSの種類を使い分けて、または連携させてユーザーとコミュニケーションをとりつつ、自分のサイトに集客することができます。基本的には匿名で行う**サイトアフィリエイトではSNS集客との相性はイマイチです**（※もちろん絶対ダメということではありませんが）。

しかし「個人の色」を演出する運営スタイルの**ブログは、SNSとの相性が抜群に良い**です。SEO集客だけに依存することなく、SNSからのアクセス流入も見込めるのはブログの大きなメリットですね。

自分が運営するメディアとの相性を考慮して、
集客方法を取り入れていきましょう。

おさらい

自分のサイトにたくさんの人を集めるには？

- サイトに記事をアップロードしただけでは人は集まらない
- ２大集客ルートのSEOとSNSを使ってサイトに人を集める
- どちらか１つに依存しないことが大切

SECTION 3-2

SEOは無料の巨大集客媒体

SEOの最大のメリットは巨大な集客媒体であるGoogleの検索エンジンから無料で集客できることです。SEO集客の特徴を理解して施策していきましょう。

SEOの概要

検索エンジンから集客する**SEO**では、下図の黄枠で囲まれている**「オーガニック検索枠」の上位に自分のサイトが表示されるように対策**していきます。

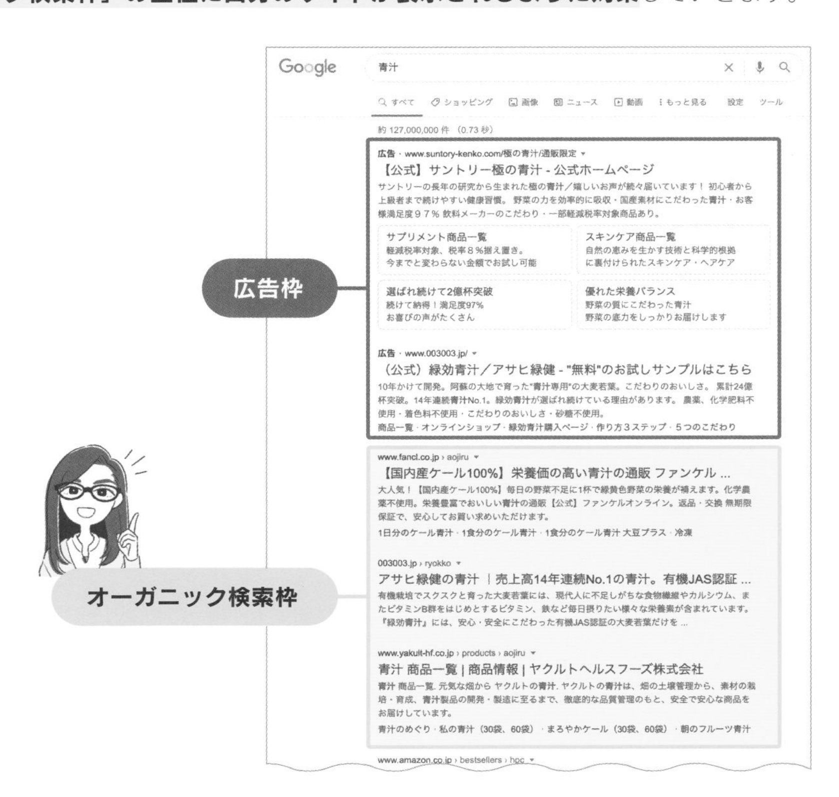

ちなみに「広告枠」とある場所は、**Googleにお金を払うことで検索結果の上位枠を購入できる場所**です。これを**PPC広告**といいます。

まずは、**検索結果には「広告表示枠」と「オーガニック検索枠」がある**ということを覚えておきましょう。

SEO集客とPPC集客ではやり方が抜本的に異なります。
PPC広告は、費用をかけて上位に自分の媒体を表示させる方法なので、**初心者の方は無料で集客できるSEOから始めていきましょう！**

オーガニック検索枠を見ているユーザーは「なんとなく面白そうだから見ている」というSNSとは違い、**検索窓へ能動的にキーワードを打ち込んで調べてきているので熱量は高く、SEOからの集客は商売に繋がりやすい**のです。

SEOからの集客はGoogleのアルゴリズムの変化とともに年々厳しくなってきていますが、それにも勝る旨味があるのもうなずけますよね。

SEOのメリットとデメリット

SEOのメリット

- 無料で検索エンジンに掲載させることができる
- Googleの巨大なプラットフォームからの集客力が大きい
- 上位表示することによりブランディングにつながる
- 能動的に検索してくるユーザーが訪れるため商品の成約につながりやすい
- 作ったコンテンツは資産になりやすい

SEO集客の最大のメリットは、**無料で巨大な集客力の恩恵にあずかれる**ことです。

検索結果の上位にサイトを表示することができれば、寝ていようが遊んでいようがサイトにユーザーが訪れます。そして、それはライバルサイトが自サイトよりも優れたコンテンツを作るか、Googleのアルゴリズムが変更されるまで続きます。つまり、**作ったサイト内のコンテンツは資産になりやすい**ということです。

検索窓へ自発的にキーワードを打って検索してくるユーザーが訪れるわけですから、いうまでもなく**商品が売れます**。

SEOのデメリット

- **結果が出るまでにタイムラグがある**
- **集客力の高いキーワードで上位表示するのは難しい**
- **Googleに振り回される**

とはいえ、SEO集客が完璧なわけではありません。SEOの大きなデメリットの1つは、**結果が出るまでにタイムラグがあること**です。サイトや記事を作っても、それがすぐに検索結果の上位に表示できるわけではありません。これは、どんなに良いコンテンツを作ってもです。

キーワードの攻略難易度にもよりますが、記事を**アップロードして3ヶ月ほどでようやく順位がつき始めるくらいのスピード感**と考えれば良いでしょう。

そして、昨今では集客力の高いキーワードで上位表示するためには、ライバルサイトよりも優れたコンテンツにするため多大なコストが必要になってくる場合が増えてきており、初心者には難しい状況になってきています。

初心者には、難易度の高いキーワード攻略は、労力的にもタイムラグ的にも厳しいのが実情です。ですから、本書では**キーワードの攻略難易度が最も低く、収益化スピードの速いペラサイト**に重点を置いて、実践編でお話ししていこうと思っています。

デメリットがあるとはいえ、デメリットよりもメリットが格段に上回るのがSEO集客です。

検索エンジンに上位表示するためにはコンテンツをそれに最適化させなくてはいけません。次の章で、その具体的な方法について解説していきます。

おさらい

SEOのメリットとデメリットを理解して施策する

- 最大のメリットは無料で巨大な集客力の恩恵にあずかれること
- デメリットは結果が出るまでタイムラグがあり、キーワードによっては上位表示するのが難しいこと
- 上位表示させるためにはコンテンツを最適化する必要がある

アフィリエイトで超重要なキーワード選定

アフィリエイトでは「キーワードとは何なのか？」を理解しなければ成功は難しいです。キーワードの意味を理解して稼げるキーワードとは何なのかを学んでいきます。

キーワードはユーザーの「疑問の声」

検索エンジンから集客するにしても、そうでないにしても「人々が知りたいこと」をコンテンツ化しなければ、あなたの記事が見られることはありません。

この「人々が知りたいこと」を見つけ出す作業が「**キーワード選定**」です。

キーワード選定は、ユーザーの疑問の声を拾う作業であり、アフィリエイトをする上で絶対に外せないものです。

キーワードはどこから選ぶ？

ユーザーの悩みが顕在化した声は「**サジェストキーワード**」や「**関連キーワード**」になって現れます。

サジェストキーワードとは

サジェストキーワードは、Googleなどの検索窓に**特定のキーワードを入力すると表示される補助的なキーワード**のことです。ちなみに、サジェストキーワードは少し前の呼び方で、現在の正式名称では「Googleオートコンプリート機能」と呼ばれています。

サジェストキーワードは、入力した**キーワードに対する関連性の強いキーワードをサジェスト（提案）しているもの**になります。

検索窓に「Google」と入力すると「翻訳」「play」「アカウント」などの言葉が表示されていますね。これがサジェストキーワードです。

関連キーワードとは

検索結果ページの最下部には「関連キーワード」が表示されます。

検索結果ページを下にスクロールすると、関連キーワードが表示されます。上の画面は「Google」と検索したあとの関連キーワードです。

Googleだけでなく、Yahoo!にも同様に「**虫眼鏡キーワード**」というものがあります。名前は違いますが、関連するキーワードを表示する役割は同じです。

サジェストキーワードや関連キーワードで見つけたキーワードは検索需要が高く、軸になるキーワードに対して悩んでいる人が多いキーワードになっています。

キーワードだけでは稼げない

アフィリエイトで稼いでいくためには、次のことが重要になります。

- **そのキーワードでどれぐらいのアクセスを集め ➡ PV数**
- **どれぐらいサイト内の広告をクリックしてもらい**
  ➡ クリック率（CTRといいます）
- **最後にどれぐらい商品を購入してくれるのか？**
  ➡ 成約率（CVRといいます）

全く検索されないようなキーワードでサイトを作っても、アクセスは集められません。ですから、サイトに人を集めたいなら需要のあるキーワードを使ってサイトを作りましょう。

こういうと、キーワード選びが何より大事だと思う人もいるかもしれませんが、そうではありません。需要があるキーワードを使ってサイトを作ってアクセスが集まったとしても、コンテンツが魅力的でなければ広告リンクはクリックされません。広告リンクがクリックされなければ、もちろん物は売れません。

つまり、**キーワードは大事ですが、キーワードだけでは稼げない**のです。

とはいえ、キーワード選びはとても大事です。魅力的なコンテンツ作りについては後述するので、まずは需要のあるキーワードの探し方を学んでください。

検索ボリュームの調べ方

検索ボリュームは「月間検索ボリューム」ともいい、1ヵ月間で平均どれぐらい検索されているかを計るものです。それらは無料のツールで簡単に調べることができます。

Googleキーワードプランナー

Googleキーワードプランナーは、WEB広告を出稿する人向けのツールなのですが、**Googleアドワーズのアカウントを持っているだけで大体の月間検索ボリュームを見ることができます**。

Googleキーワードプランナー
https://ads.google.com/intl/ja_jp/home/tools/keyword-planner/

Google広告のアカウントにログインし右側の「**検索のボリュームと予測のデータを確認する**」の矢印をクリックします。

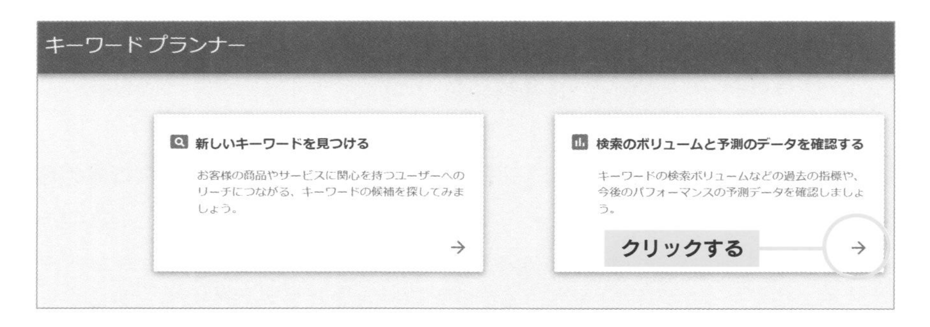

検索ボリュームを調べたい**キーワードを入力し「開始する」ボタンをクリック**します。

キーワード プランナー
検索のボリュームと予測のデータを確認する
アフィリエイト
1 検索ボリュームを調べたいキーワードを入力
ファイルをアップロード
2 クリックする
開始する

「**過去の指標**」タブをクリックします。

「月間平均検索ボリューム」の数値を参照

今回は「アフィリエイト」というキーワードの数値を調べてみました。

上の調査結果では、1か月で10万回～100万回検索されていることがわかりました。

ちなみに、PPC広告を出稿することで詳細な検索ボリュームを調べることができますが、私の感覚的にはそこまで具体的な数字がわからなくても大丈夫だと思っています。

検索ボリュームが「100～1,000」くらいのキーワードでも、月間1,000回以上アクセスが来ることもありますし、逆も然りです。

ですが、検索ボリュームを調べないと、その**キーワードのサイズ感**を把握することができません。

「たくさん検索されているだろうなあ……」と思っていたキーワードが、実際は全く検索されていない場合もあるので、平均値でも何でも確かめてみる必要性はあるでしょう。

検索ボリュームの目安

「どれぐらいの検索ボリュームのキーワードを狙っていけば良いのか？」は**サイトの規模によって変わってきます**。

※検索結果で上位表示するためには、サイト全体で狙っていくキーワードと、個別の記事で狙っていくキーワードがそれぞれあり、規模の大きなサイトでは個別記事群で１つのキーワードを攻略する団体戦となる。

ここで問題となるのは「初心者がいきなり【ダイエット】などのビッグキーワードで上位表示をするためのサイトを作っている」というケースがかなり多いことです。

ダイエットというキーワードの検索ボリュームは368,000で、かなり攻略の難しいキーワードといえます。

一般名詞でわかりやすくアクセスも集まりそうなこの手のキーワードは、初心者がなんとなく選んでしまいがちなターゲットキーワードです。

しかしながら、この手のキーワードは熟練したSEO技術を持っているプレイヤーでさえなかなか攻略できないものです。

何の技術も持たない初心者がサイトを作ったところで太刀打ちできるわけがありません。

検索ボリューム別サイトの規模

- **10～100：ニッチなキーワード ➡ ペラ**
- **100～1,000：ミニサイトのカテゴリー、又は1記事**
- **1,000～1万：ミニサイトの目標キーワード・ジャンルなどの大型サイトのカテゴリー又は1記事**
- **1万～10万：中規模から大規模サイトの目標キーワードレベル**

「早めに成功体験を積む」という意味でも、最初は**検索ボリュームの小さなものから始めるのをおすすめします。**

稼げるキーワードとは

「でも検索ボリュームの小さなものでは稼げないのでは？」

こんな疑問の声が聞こえてきそうです。

ですが実のところ、**成約率が高いのは検索ボリュームの小さなニッチなキーワードの方**です。

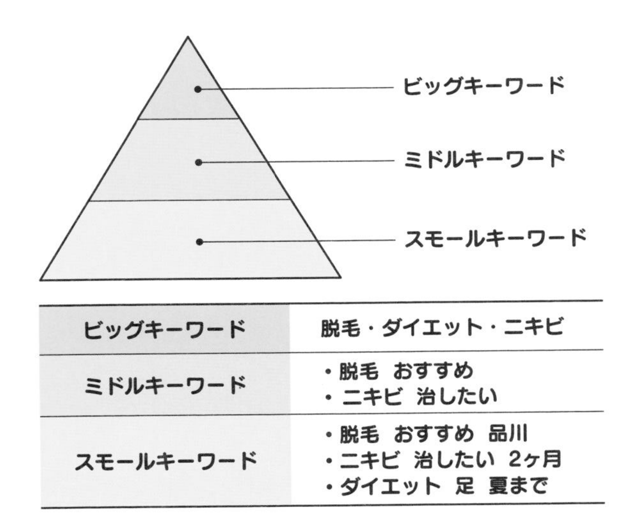

ビッグキーワード	脱毛・ダイエット・ニキビ
ミドルキーワード	・脱毛　おすすめ ・ニキビ　治したい
スモールキーワード	・脱毛　おすすめ　品川 ・ニキビ　治したい　2ヶ月 ・ダイエット　足　夏まで

このように検索ボリュームの高いビッグキーワードになればなるほどその検索意図はぼやっとします。

例えば「ダイエット」というキーワードで検索するユーザーは、ダイエットの何が知りたいのでしょうか？　いまいちわかりませんよね。

このキーワードでアクセスを集めたからとて、物を売るのは至難の技です。しかし、検索ボリュームの少ないスモールキーワードである「ダイエット　足夏まで」であればその検索意図は明らかです。

「ダイエット　足　夏まで」というキーワードの検索意図は、非常に局所的で「夏までにダイエットして足を細くしたい」ほぼこれに限るでしょう。

このようなニッチなキーワードは**ロングテールキーワード**とも呼ばれており、検索者の悩みが明確なことから成約率が高いことで知られています。

ただ「ダイエット」とだけで検索した人にマッサージジェルの商品を紹介しても買ってもらえるかどうかはわかりません。

もしかしたらダイエットレシピを探しているだけかもしれませんよね。

ですが「ダイエット　足　夏まで」というキーワードで検索した人へ「マッサージで血行を促進させ脚やせできるマッサージジェル」などを訴求すれば成約する確率は歴然の差です。

初心者の方は、なぜか「ダイエット」「ニキビ」「青汁」など検索ボリュームの高い、大きなキーワードを狙いがちです。
スキルの蓄積のない初心者が難易度の高い一語キーワードを攻めるのは至難の業です。
大きいキーワードは大きく稼げるというのは間違いではないですが、初心者の方が成功できた事例を見たことがありません。
最初は2語や3語の検索ボリュームの低いキーワードから攻めるようにしましょう。

おさらい

アフィリエイトで超重要なキーワード選定

- アフィリエイトではキーワード選定が肝
- 「サジェストキーワード」や「関連キーワード」といった検索需要の高いところからキーワード選定をする
- 稼げるキーワードは、検索ボリュームの小さなニッチなもの

SECTION
3-4 必要な記事数

「どれくらいサイトや記事を作ったら収益化できるの?」といった疑問をもたれると思いますが、これには狙うキーワードの規模感というものを理解する必要があります。

稼ぐのに必要な記事数は媒体によって違う

「どれぐらいサイトや記事を作ったらいくら儲かるのか?」アフィリエイトにこの明確な答えはありません。

100記事書いてもゼロ円の人もいるし、たった1記事で月に10万円稼げる人もザラにいます。**必要な記事数とは、完成した際の媒体の規模感によって変わってくる**ものです。

記事数の目安

記事数の目安は、狙うキーワードの検索ボリューム、つまり媒体の規模感によってある程度の目安があります。

狙うキーワードの性質によっては絶対的な定義はできませんが、私が今までさまざまなサイトを作ってきた中で肌感的には以下のようになります。

検索ボリューム	記事数の目安	サイトの規模感
10〜100	1記事	ペラサイト
100〜1,000	1〜3記事	ペラサイト、もしくはミニサイトのカテゴリーキーワード
1,000〜1万	10〜100記事	ミニサイト、もしくは大型サイトのカテゴリーキーワード
1万〜10万	10〜100記事	中規模から大規模サイト

ペラサイトでは検索ボリュームの低めなニッチなキーワードを狙っていくので1記事で十分上位表示できます。

ミニサイトや特化サイトでは若干検索ボリュームの高いキーワード（こういうキーワードを「ミドルキーワード」といいます）を狙ってサイトを作りますが、その際に必要な記事数は10記事程度のものがほとんどでしょう。そして、ジャンルサイトやブログといった大型メディアでは狙うキーワードの検索ボリュームも非常に高いものとなり、それに伴って記事数も多くなります。

目標キーワードの検索意図を満たすために必要な記事数

目標キーワードには、検索者の意図が複数存在しています。

大きなキーワードを攻略するには、そのキーワードに対する検索意図を洗い出すことが重要です。

●「ダイエット」単体の検索意図

こちらは「ラッコキーワード」という無料ツールです。

ラッコキーワード
http://www.related-keywords.com/

このツールを使うと、そのキーワードに関連するキーワードが一覧で洗い出されます。今回の「ダイエット」だと、関連するキーワードは846個となっていますね。

つまり、このような抽象的なキーワードを攻略するためには、846個の記事が必要になるということです。

厳密にいえば、検索意図などを考慮してサイト設計をしていくので、846個の記事を作っていくということとは話が異なりますが、概ねこのようにして検索意図を満たすための記事を揃えていかなくてはいけません。

ちなみに**語数が増えていけばいくほど検索意図が絞られていき、対策が必要なキーワードも同じように絞られていきます**。

【2語】ミドルキーワード

ダイエット 食事

Googleサジェスト 594 HIT

【3語】スモールキーワード

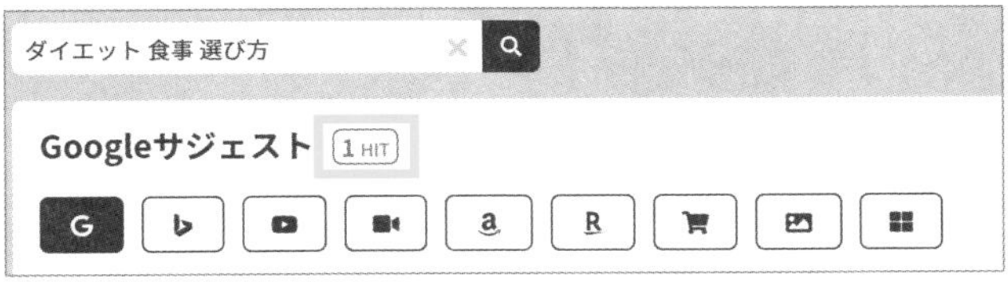

ダイエット 食事 選び方

Googleサジェスト 1 HIT

おさらい

稼ぐために必要な記事数ってあるの？

- サイト数や記事数でいくら儲かるかの明確な答えはない
- 検索ボリューム、媒体の規模感によるある程度の目安はあるが、絶対的な定義ではない
- キーワードに対する複数の検索意図を満たすことが重要

SECTION 3-5

稼げるジャンルの選び方

手法や戦略によるのですが、ある程度の規模感のサイトを作る場合はジャンル選びが非常に重要です。ちなみにペラサイトや小規模の特化サイトであればあまりジャンルに固執する必要はありません。

ジャンル決めの基準

ブログや大型サイトでは記事の更新が必要です。

そんな中、一番最初に決めたジャンルが、記事更新に苦痛を伴うようなものであったら続きませんよね？

書いていて楽しいジャンルだったとしても、今のご時世下火になっているようなジャンルであれば結果も出ず、続けられないかもしれません。

何度もいいますが、**アフィリエイトは「続けること」が大事**です。

そこでジャンルを決める際の指標として参考にしていただきたい３つの要素をご紹介します。

- **稼ぎやすさ ➡ 高単価案件のあるジャンル**
- **既存知識の深さ ➡ 知識や経験のあるジャンル**
- **時代の流れ ➡ 上昇トレンドのジャンル**

この辺りを考慮してジャンルを決めていけば、比較的更新は難しくないでしょう。

既に知識のある分野だったり興味があって勉強が苦にならないジャンルであれば、作っていて楽しいでしょうし、トレンドが上向きのジャンルであれば商品も売れていきます。

売れる商品の単価が高ければ収入に直結するわけですので、さらにやる気が高まりますよね。

初心者におすすめのジャンル

初心者は早めに結果を出すことが大切です。

結果を出すためにはまずハードルの低いジャンルから取り組んでみるのが良いですね。

ジャンル	おすすめの理由	商材の種類
黒ずみ	プライバシーを死守しつつネットで購入できる黒ずみジャンルの案件は肌感的にも売れやすく、訴求しやすいので初心者でも取り組みやすい。	•毛穴の黒ずみ対策商品 •デリケートゾーンの黒ずみ商品 •美白ケアアイテム •脇や膝などの黒ずみ対策
デオドラント	人にいえない恥ずかしい悩みの商品はネット上で売れる。 案件数も多いので初心者でも取り組みやすい。	•口臭サプリ •口臭スプレー •ワキガクリーム •汗対策商品 •クリニック
首のイボ	ニッチなジャンルなだけあってライバルが弱い。かつピンポイントの悩み訴求なので売れる。	•首のイボ用クリーム
ファッション	案件単価は比較的低いが訴求方法が幅広く、ライバルも弱いため。	•各種通販サイト •衣類のレンタル
オールインワン化粧品	オーソドックスな商品ゆえに紹介しやすく、また単価も1成約3,000円～位の物が多いので稼ぎやすい。	•化粧水 •美容液

攻略の難しい激戦ジャンル

「かなり稼げるけど競合も強くてなかなか上位表示するのが難しい」

このようなジャンルはテクニックが必要ですので、初心者にはおすすめしません。

できれば中級者～上級者の方が取り組んだほうがいいですね。

注意するべきジャンル選定のポイント「YMYLについて」

YMYLとはYour Money or Your Life頭文字をとったもので、直訳すると「あなたのお金、あなたの人生」となります。

生活やお金に関連性のあるサイトは、信頼性が高い情報の提供が重要だということ。

インターネット上で物が売れるジャンルは、以下にまつわるような「人に知られたくないこと」が多いです。

- **お金の悩み**
- **性の悩み**
- **美容の悩み**

このようなジャンルの商品はインターネット上でとてもよく売れるので、大きく稼ぐことができます。

ですがこちらは「YMYLジャンル」といい、Googleのアルゴリズム上では信憑性のない情報や個人のいち感想では上位表示できなくなっています。

実際に検索してみると、YMYLジャンルの上位には、企業のサイトや公式サイト、医療機関のサイトなどで埋め尽くされています。

初心者におすすめしないジャンル

初心者におすすめしないジャンルは以下のジャンルです。

ジャンル	おすすめの理由	商材の種類
脱毛	とにかく競合が強いです。 このジャンルはアップデートによる順位変動が起こりやすく、SEO集客するには膨大なコストがかかることで有名です。	• 脱毛サロン • 脱毛器 • 脱毛クリーム
金融系ジャンル	専門的な知識が必要、かつもちろん競合も強いです。 作者の権威性も問われるジャンルですから初心者にはあまりおすすめしません。	• クレジットカード • キャッシング • 債務整理 • FX

転職系ジャンル	こちらも稼げるジャンルの代表格ですが競合が強く順位変動も起こりやすいです。よほどの権威者でない限りコスパの悪いジャンルかなと思います。	• 看護師転職 • 薬剤師転職 • 介護士転職 • 退職代行

上記のジャンルはYMYLのど真ん中のジャンルも含まれます。

これは一例ですが、初心者が誤ってこのジャンルに踏み入ってしまうと、不毛な戦いになりがちです。

大きく稼ぎたい気持ちは一旦横に置いておいて、小さな成功体験を積むことを考えましょう。

アフィリエイトは続けることが難しいビジネスです。ですから「継続できる」を前提に3つの要素を踏まえてジャンルを選びましょう。

自分の経験してきたことや知識が活かせられるのもアフィリエイトの良いところですね。

おさらい

稼ぐためにはジャンル選びが重要

- ジャンル決めは「高単価、知識や経験のあるもの、トレンド」を考慮して選ぶ
- 初心者は比較的早めに結果が出しやすい、ハードルの低いジャンルから取り組むのが良い
- YMYLは攻略の難しい激戦ジャンル

SECTION 3-6

売れる商材の見極め方

売れない商材を選んでしまうと、どんなに正しい方法でアフィリエイトをしても思ったような成果が出ないなんてことも！　売れる商材の見極めにはポイントがあります。

商材を見極める必要性

アフィリエイトできる商材の中には稼げるものとそうでないものがあります。

あまり稼げない商材や全く売れない商材を選んでしまうと報酬が全然出ないということにもなりかねませんので、ここでしっかり理解を深めておきましょう。

初心者におすすめのアフィリエイト商材の選び方

始めたばかりの初心者は、売れやすく稼ぎやすい商材を選ぶことをおすすめします。

ではどんな商材を選べば稼ぎやすいのか、その特徴を見ていきましょう。

稼ぎやすい商材の特徴

- 無料で登録・購入できるもの
- LPがきれいで見やすいもの
- メディアに露出しているもの
- 上昇トレンドの商品
- 定期継続回数の縛りがないもの
- 返金保証がついているもの

紹介したいと思う商品の販売ページ（LP）を見てみると、詳細を見ることができます。

上記の条件すべてに該当する案件はなかなかないとは思いますが、このように購入までの心理的ハードルが低いものの方がより売れやすいのは間違いありません。また、アフィリエイトの成果地点も案件によってまちまちです。

❶ 無料登録してもらうだけで報酬が発生するもの
❷ 購入してもらった時点で定額の報酬が発生するもの
❸ 購入してもらった商品の一定割合で報酬が発生するもの
❹ 申し込み後に来店して初めて成果が発生するもの

なるべく仕組みがシンプルな❶と❷の商材だとアフィリエイトしやすいですね。

大きく稼ぐために選ぶべきアフィリエイト商材

実は、**アフィリエイトでは「報酬が低い商材」と「報酬単価が高額な商材」どちらを扱っても労力はさほど変わりありません**。

どうせなら大きく稼ぎたいという場合の商材選びのコツは以下になります。

大きく稼ぐために必要な商材の特徴

- **アフィリエイト報酬が高単価な商材**
- **アフィリエイトに力を入れている広告主の商材**

まずはいうまでもなく**アフィリエイト報酬の高い案件**を選ぶべきでしょう。同じ商品でもASPによっては報酬の価格が高い場合があるので比べてみることをおすすめします。

ただし、**報酬単価の高いアフィリエイト商材は、成果地点が厳しめのところが多い**点には注意が必要です。ただ申し込むだけでは成果の対象とならず「来店して初めて成果となる」のような案件も多いのです。

そのような場合はアフィリエイトの発生報酬に対して、確定率が低くなることがよくあります。

アフィリエイトできる商材の成果地点をよく確認してから取り組みましょう。

もう1つの大きく稼ぐために必要な商材の特徴は、**広告主が販売促進としてアフィリエイトに力を入れているところの商材を選ぶ**ことです。

そのような広告主はテレビやCMなどの販促費を潤沢にとっている場合が多く、私たちアフィリエイターに入ってくる報酬額も比較的高めに設定されていることが多いです。

また、取り扱っている関連商品なども多く、アフィリエイト広告から撤退するリスクが低いのも特徴です。

高単価だけど成果地点が厳しめか？　単価は低いけど成果地点が容易か？　戦略や自分のスキルに応じて検討していくと良いですよ。

おさらい

売れる商材の見極め方と大きく稼ぐために選ぶべき商材とは？

- 稼ぎやすい商材の特徴になるべく合致したものを選ぼう
- 報酬が高単価で、アフィリエイトに力を入れている広告主の案件を扱う
- 成果地点が比較的容易かどうかも考慮する

読まれる記事の書き方

実はWEBで読まれる記事の書き方には、ポイントがあります。それは「WEB」であるということを本当の意味で理解しているか？　ということです。

WEB独特の文章の書き方がある

WEBの世界には紙媒体とは違った文章の書き方があります。忙しいインターネットユーザーが、スマホを片手にサイトや記事を流し読みする……今はそんな時代です。

インターネットユーザーの文章の読み方に見合った書き方をしなくては、Googleというシステムにも、生身のユーザーにも心良く見てもらうことはできません。

ネットの世界で読まれる記事の書き方のことを「WEBライティング」といいます。

弊社運営サービスの「副業の学校」でもWEBライター講座がありますが、ネットの文章に特化した文章技術を身に付けることで在宅での副収入を得ることもでき、汎用性のある武器となります。

副業の学校　WEBライター講座
https://fukugyou-gakkou.jp/all-course/web-writer/

ペルソナを考えよう

皆さんは**ペルソナ**という言葉をご存知でしょうか？

ペルソナとは、**そのサイトや記事を読むであろう想定ユーザー**のことです。

そのコンテンツを読んでくれるペルソナを明確化しておくことで、そのたった１人に深く突き刺さる記事を書くことができます。実は、**１人に刺さる内容はインターネットでは100人に刺さる内容になります**。

たった１人のペルソナにウケる記事を書くことで、結果的に多くの人に刺さる記事になります。しかし、初心者の方の多くはペルソナに向けて書かずに、万人にウケようとしてしまいます。若い人にもお年寄りにも男性にも女性にもウケようと思ってしまうのです。

その結果、誰にも刺さらない記事が出来上がってしまいます。**サイト単位（テーマ全体）と、記事単位の両方でどんなユーザーに向けて書いているのかは明確化しておきましょう**。

具体的なペルソナ像の設定方法

次の２つの記事タイトルを比較してみましょう。

【ペルソナが不明確な記事のタイトル】

- **アフィリエイトの始め方講座「1からわかりやすく解説」**

【ペルソナが明確な記事のタイトル】

- **「わからないがわからない」圧倒的初心者でも５分でわかるアフィリエイトの始め方**

ここで設定したペルソナ像は「アフィリエイトの初心者」です。それも、わからないことがわからないレベルの圧倒的初心者を想定しています。

「アフィリエイトの始め方」というようなキーワードでコンテンツを検索するユーザーというのは、アフィリエイトの始め方がわからない、つまりまだスタートラインにすら立てていないユーザーの可能性が高いです。

これらのことを考えると記事の中身でも、専門用語を使わないか、もしくは補足事項で入れてあげる方が親切です。
　なるべくわかりやすく図解を入れてあげた方がいいかもしれませんね。
　もしできるなら身近な人をイメージすると具体的なペルソナ像ができるかもしれません。

- **名前**
- **年齢**
- **家族構成**
- **どんなことに悩んでいるか**
- **好きなことや趣味は何か**

「サイトに訪れるユーザーはどんな人でしょうか？」
　このペルソナの悩みをすべて解決できるようにコンテンツを用意することで、誰にも出せないオリジナリティが出せますし、成約にも結びつくというものです。

リード文が命

　WEB上の記事は、下図のような構成で書きます。ポイントはタイトルの下に位置する「**リード文**」です。

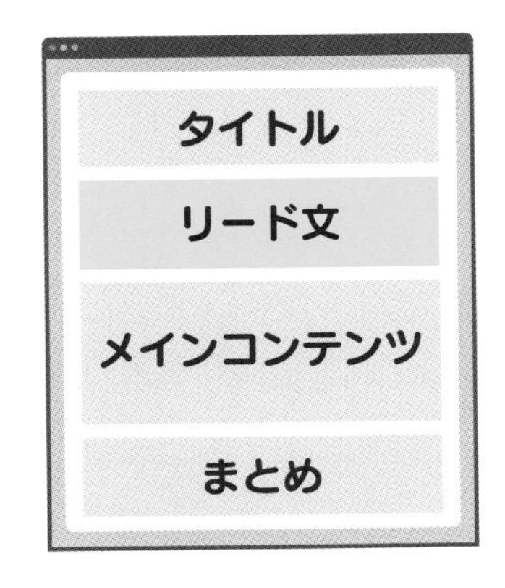

　リード文はタイトルの直下にあり、**その記事で一番伝えたい主題に入る前の導入文**の役割をします。

正直にいうと私は**リード文次第でその先が読まれるか否かの80%が決まる**と思っています。

検索ユーザーは思った以上に忙しく、自分にとって重要な事柄だけを抜き取って記事やサイトを見ています。

「あ、このサイトは自分に関係ないな」とか「知りたい答えが書いてなさそう」と冒頭で判断されれば、あっという間にページを閉じられてしまいます。

一番伝えたい（読んでもらいたい）**メインコンテンツまで読み進めてもらうためにはリード文でユーザーの心をがっちり掴まなくてはいけません。**

結論は最初に書こう

WEBライティングにおいて起承転結は必要ありません。**結論は最初に書く**のが鉄則です。

インターネットユーザーはとても忙しく、検索窓に打ったキーワードの答えをいち早く知りたいと思っているので、小説のように**結論が最後まで読まないとわからないような書き方では駄目**です。

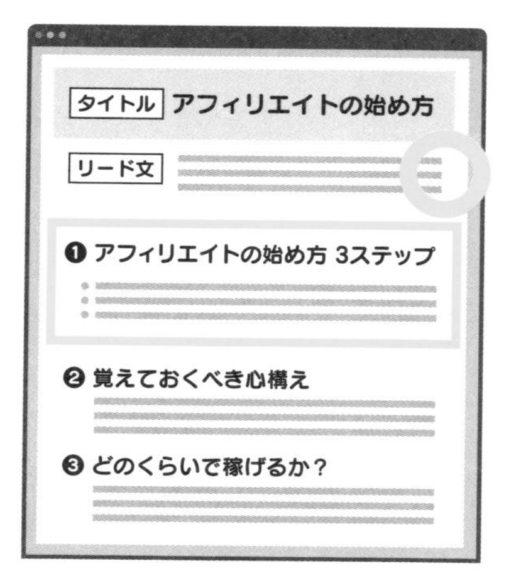

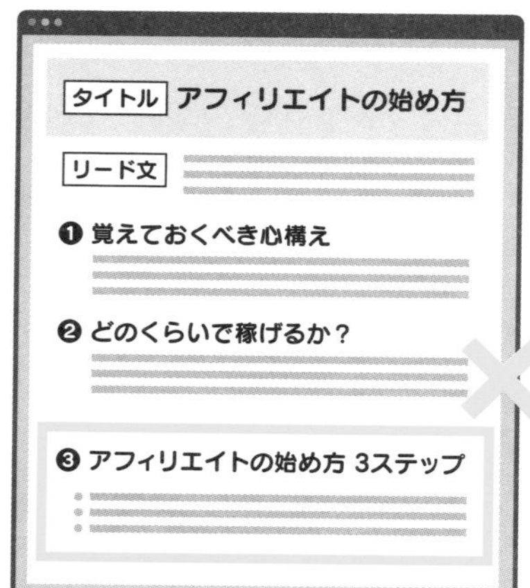

よくある間違い

- 聞かれたこととは違うことを答えている
- 良かれと思って多くの答えを返してしまう

もっといってしまえば、検索ユーザーは「**答えだけを知りたい**」とすら思っています。

例えば「ボールペン　消し方」と調べて、一番上にあるサイトを開き「具体的な消し方を書いている部分だけを探す」というような検索の使い方をしている人が大勢います。あなたにも同じような経験があるのではないでしょうか。

検索ユーザーは答えをいち早く知りたいと思っています。そして、その**答えが話の下にあればあるほど、ページを閉じられる可能性は高くなります**。

キーワードに対して誠実に答える

基本的に検索ユーザーは、検索したキーワードの答えが知りたいから調べています。

「アフィリエイト　始め方」と検索しているのであれば、アフィリエイトの具体的な始め方が知りたいのでしょうし「ボールペン　消し方」で調べているのであれば、書いてしまったボールペンの字を消したいのでしょう。

ですが、多くのアフィリエイト初心者がここで間違いを犯してしまいます。

前述したように検索ユーザーは非常に忙しいのです。

「知りたいことをまずはサクッと知った後、興味があれば他の情報も見てみたい」これぐらいの気持ちで検索しています。

それなのに「アフィリエイト　始め方」で検索してきたユーザーに向けて、次のような記事を書いたらどうでしょうか。

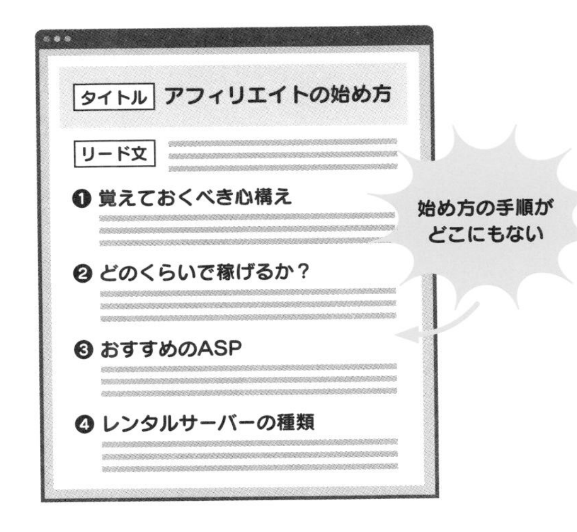

これは知りたいことがどこにも載っていないですよね。このようになんとなくで記事を書いていても、ユーザーに読まれることもなければ商品が売れることもありません。

通常、目標としているキーワードはタイトルに入っているものです。しかし、今回の場合は「アフィリエイト　始め方」についての記事なのに記事内容が、

①覚えておくべき心構え

②どのくらいで稼げるのか？

③おすすめのASP

④レンタルサーバーの種類

となっており、「アフィリエイト　始め方」で検索してきたユーザーの意図や悩みに対して答えを返せていない状態になっています。

SEOで上位表示するためには「キーワードに対して適切な答えを返す」これは肝となる部分です。

よくある間違い

- **知りたいことがどこにも書いていない**
- **キーワードに対して適切な答えを返せていない**

普段の会話でも結論から先に伝えるようにするなど、日常生活にも取り入れていくと、WEBの記事を書くための訓練になりますね。

おさらい

WEBに特化した文章の書き方を意識しよう

- ペルソナを意識して、サイト単位と記事単位の両方でどんなユーザーに向けて書いているのか明確にしよう
- リード文でユーザーがその先を読みたくなるように、心をがっちり掴む
- WEBでは結論が先で、起承転結は必要ない

SECTION 3-8

SEOライティングの基本

WEB上の文章は検索ユーザーとGoogleの両方に好かれる必要があります。ここではGoogleという検索エンジンのシステムに好かれるためのライティング技法の基本について解説していきます。

タイトルの付け方

タイトルは記事の顔になるとても重要な部分です。

タイトルによって見てもらえるかどうか決まるといっても過言ではありません。

SEO的に見てもタイトルの中にある文言はとても重要で検索順位の決定に大きく影響する部分でもあります。

上位表示したいキーワードをタイトルに含める

自分が狙っている**キーワードはタイトルの中に必ず含めます**。

「アフィリエイト　始め方」というキーワードで上位表示したいのなら「アフィリエイトの手順を徹底的に解説します」こんなタイトルではだめです。

しっかりキーワードを含ませてタイトルを構成しましょう。具体的には「アフィリエイトの始め方を徹底的に解説します」のようなタイトルです。

実際にGoogleのロボットも入り口であるタイトルの文言を見てその中身を予想しています。

例として「クレジットカード　審査」と検索して、検索結果に出てくる記事タイトルを見てみましょう。

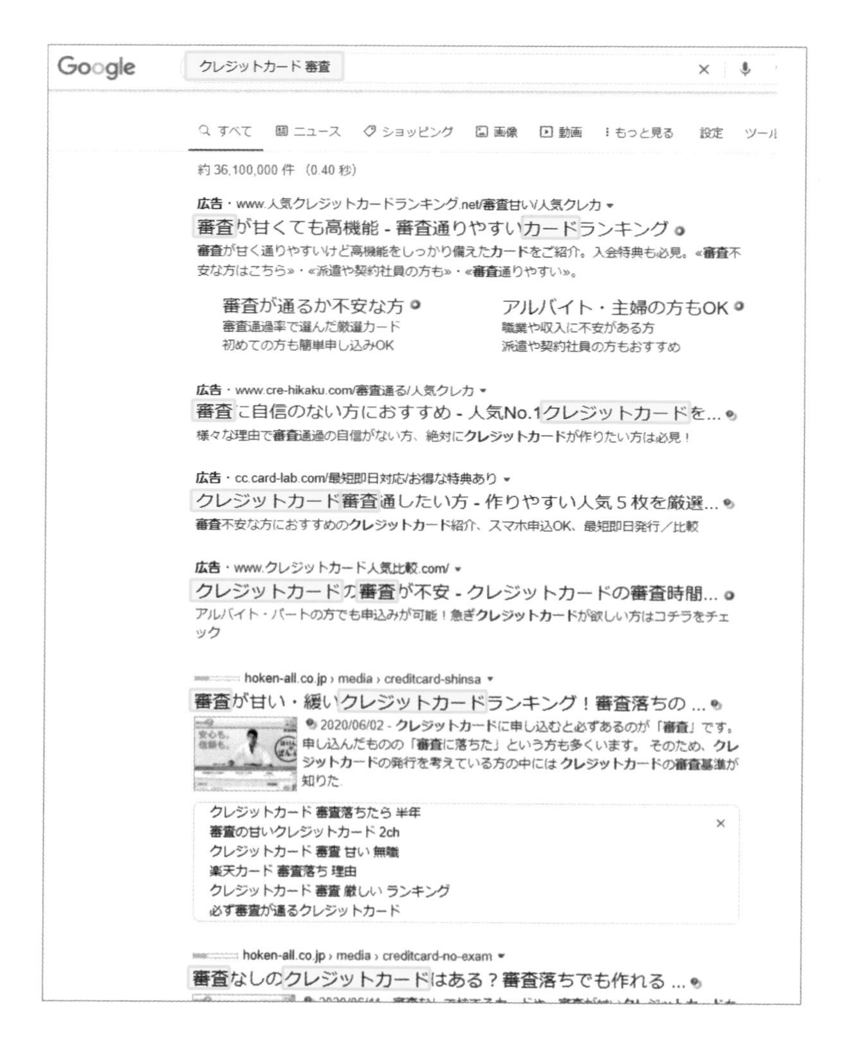

どうでしょうか。

検索したキーワードが、検索結果のタイトルのすべてに含まれていますね。このように狙っているキーワードをタイトルに含めるのはSEOライティングにおいては基本中の基本です。

見出しの概念

アフィリエイトサイトにしてもブログを書くにしても、記事には見出しが存在します。

アフィリエイト初心者の方の中には見出しの書き方や使い方を間違っている方が多く見受けられます。

実は見出しの使い方にはルールがあり、それを正しく行うことでアフィリエイトサイトを上位表示させるためのSEO効果も期待できます。

アフィリエイトをやっていくためには必要最低限のSEOテクニックになるのでしっかり習得してくださいね。

見出しの役割

そもそも見出しとは何なのか？　これには２つの観点があります。

❶ 章や節に当たるもの
❷ Googleにページ構造を伝えるもの

本には見やすさや話を整理するために、章や節がありますよね。

これがあることによって今現在読んでいる部分が、どこの部分の何の話をしているのかが理解しやすくなっているはずです。

それと同じようにアフィリエイト記事に見出しをつけることによって、話を整理でき検索ユーザーにとって読みやすい記事になります。

もう１つの観点としては、この見出しタグを使ってGoogleに記事のページ構造を伝えることです。

Googleは記事の内容をHTMLタグというもので理解しています。

見出しは「見出しタグ」というHTMLタグによって囲まれており、上層からいうと次ページ図のような段階分けになっています。

数字の若い見出しが大テーマとなり、数字の大きい見出しになればなるほど話が具体的になります。

- H1タグ
- H2タグ
- H3タグ
- H4タグ
- H5タグ
- H6タグ

このタグの中に内容を記すことによって、Googleはそのアフィリエイト記事のテーマや具体的な内容を読み取りその整合性やキーワード比率からスコアリングします。

正しい見出しの付け方

各見出しには記事全体で狙っている目標のキーワードを自然に含めていきましょう。

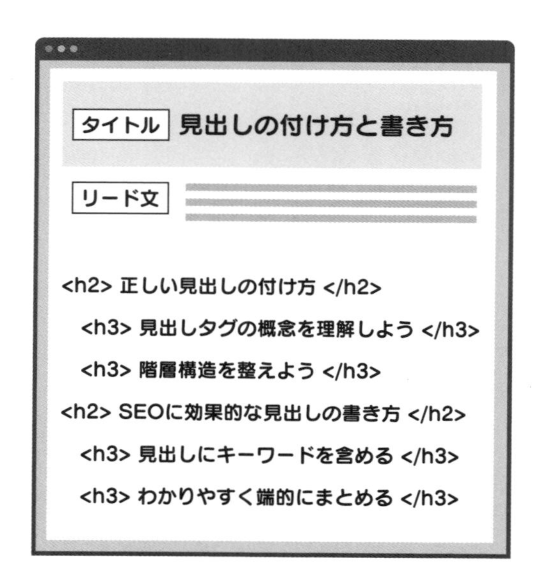

今回の場合は「見出し　書き方」とか「見出し　付け方」といったキーワードは見出しに含めていくべきです。

ですが、いくらSEOに効果的だからといってすべての見出しにキーワードを含めるとくどいですし日本語としてもなんだか違和感があります。

その場合は重要度の高いH2やH3の見出しへごく自然に含めていきましょう。
その際に気をつけるべきポイントは見出しの階層構造です。

H1は、その記事のテーマであり記事タイトルでもあります。
H2は大見出しであり本でいうところの章にあたります。
H3は中見出し、H4は小見出しといったところでしょうか。
H5やH6はその上層見出しをさらに詳しく解説したいときに使います。

H2の次に突然H4が来たり、H5が来たりはしません。
H2の次に来るのはH3ですし、H3の次に来るのはH4です。

アフィリエイト広告の取得方法と貼り方

アフィリエイトリンクの貼り方はわかってしまえば簡単ですが、馴染みのないHTML言語が書かれていて何をどうすればいいのか理解するのが大変だと思います。

アフィリエイトリンクはASPから取得します。ここではA8.netを例としてアフィリエイトリンクを取得する方法を解説します。

❶ ASPから広告を選択

A8.netで希望の広告を検索します。提携をしていない場合は「詳細を見る」をクリックして、広告の詳細を確認します。

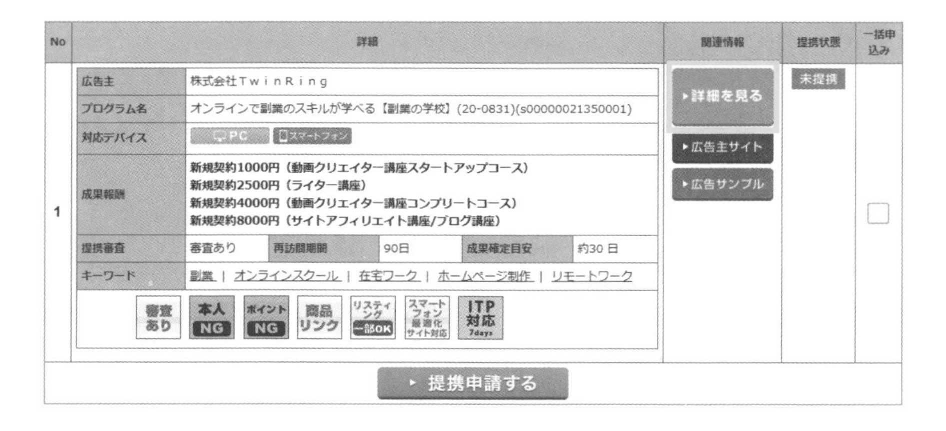

詳細を確認して提携をしたいと思ったら、次ページの下部にある「提携申請する」をクリックして提携しましょう。提携が承認されると広告を扱うことができるようになります。

❷ リンクを取得

提携が承認されたら、リンクを取得できるようになります。広告タイプで使用したい広告のタイプを選びます。ここではバナーを選択します。

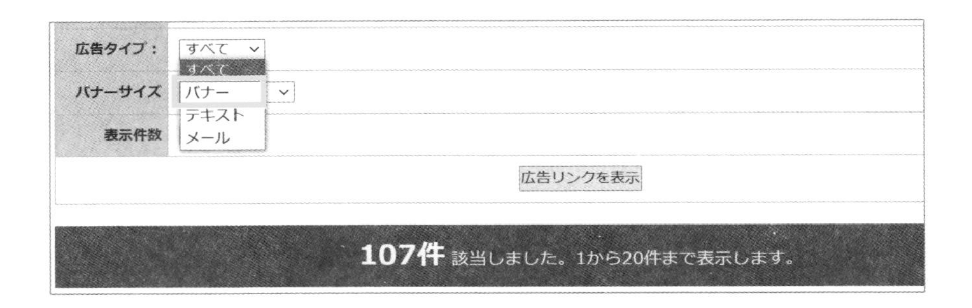

するとこのようにバナー広告が表示されます。

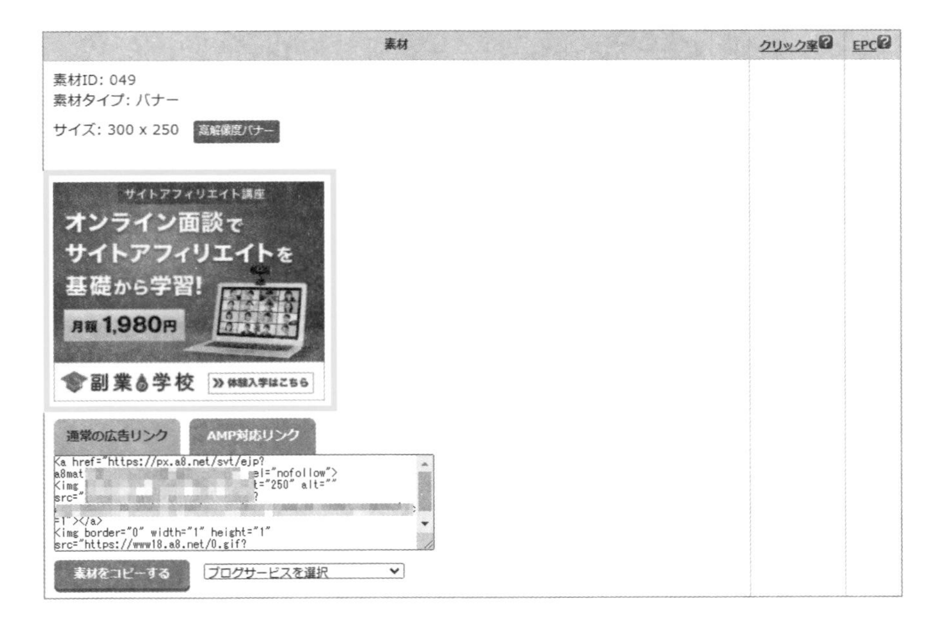

❸ 記事に貼り付ける

画像のようにコードを全て選択し、コピーをします。このコードをご自身のサイトの記事に貼り付けることでアフィリエイトリンクを反映させることができます。

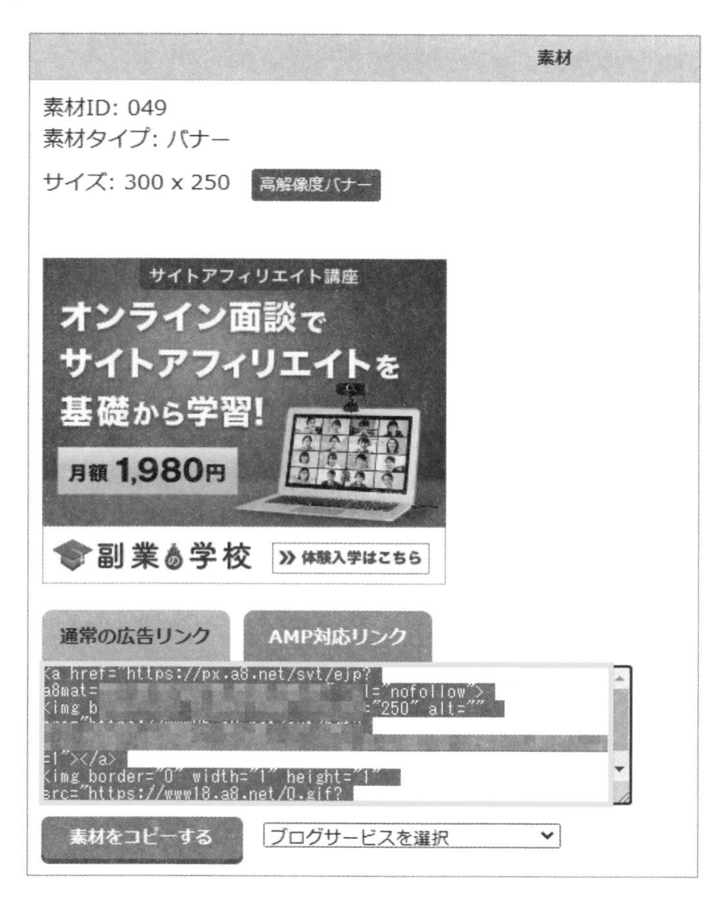

注意

「アフィリエイトリンクの文言を変えたり、画像を変えたりしてもいいですか？」という質問をいただくことがありますが、アフィリエイターの個人的な判断でリンクを改変することは禁止されています。

万が一広告素材を改変してしまった場合は、リンクから商品が売れたとしても成果が反映されなくなることもあります。ただし、フリーテキストのアフィリエイトリンクであれば文言を変えることは問題ありません。

一応禁止とはなっていますが、常識の範疇であれば暗黙の了解で文言や画像を変えている人もいます。ただし、これは自己責任となりますので注意が必要ですね。

基礎基本には意味があり、何をするにしても重要です。最初は守っていたのに途中からズレていたなんてこともありますから注意してくださいね。

おさらい

ユーザーとGoogleの両方に好かれる文章を書こう

- タイトルには狙っているキーワードを含める
- 見出しは、見出しの役割に沿って設置しよう
- 見出しには狙っているキーワードを自然に含める

画像の取り扱い方

見た目のキレイなサイトを作るうえで欠かせないのが画像です。画像があるかないかで、大きくサイトのイメージは変わってきますが、使用するにはルールもあります。

画像素材の集め方

文字ばかりがズラズラ並んだサイトだと、どうしても重苦しさを感じてしまい、読んでいる途中でストレスを感じてサイトを閉じてしまいます。

ユーザーにとって見やすいコンテンツはSEOで考えても非常に重要です。

画像があることによってじっくりとサイトや記事を読んでもらうことができれば、その滞在時間などのユーザー行動が評価の対象になるからです。

ネット検索でたまたま出てきた画像を使うのはダメ

ではどのように画像を使えば良いのか？　初心者さんがよくやりがちなのは、ネット検索でたまたま出てきた画像を「保存」して、そのまま使ってしまうことです。

詳しくは後述しますが、インターネットの世界にも著作権というものがあります。検索でたまたま出てきた画像や、他の人が書いているブログの中にある画像やイラストは、持ち主がお金を払って購入したものだったり、自分で汗水たらして作った画像です。

それらにはもちろん著作権が存在し、それを**勝手に保存して使うのは犯罪になります**。

もし他者の画像を使いたい場合は、必ず**情報元のURLを明記**しなくてはいけません。使用したい画像が掲載されている記事のURLなどを記載するのは最低条件です。

商用利用可のフリー素材を使う

「商用利用可」のフリー素材を使うのは割と一般的です。アフィリエイトはビジネスですから、**商用利用が不可の画像は使用できません。**

多くのイラストや写真を集めたポータルサイトなどを活用すると、効率よくイメージに合った画像を見つけることができます。

代表的な無料素材サイト

サービス名	URL
イラストAC	http://www.ac-illust.com/
ピープルズ	http://peoples-free.com/
いらすとや	http://www.irasutoya.com/
写真AC	http://www.photo-ac.com/
ぱくたそ	https://www.pakutaso.com/
足成	http://www.ashinari.com/
モデルピース	https://www.modelpiece.com/
ビジトリーフォト	http://busitry-photo.info/

こちらは無料の画像ですが、資金に余裕のある方は有料のフリー素材を使うのも有効です。

有料の画像はライバルとの差別化ができます。それに素材の数が豊富に見つかりますので、画像を探す時間も大幅に短縮されます。

代表的な有料素材サイト

サービス名	URL
ピクスタ	https://pixta.jp/
フォトリア	https://jp.fotolia.com/
シャッターストック	https://www.shutterstock.com/ja/

画像もオリジナルの方が良い

画像サイトからダウンロードして使うのも良いですが、本当であれば画像もオリジナルの方が良いです。画像もコンテンツの1部なのでオリジナリティーが大切だということですね。

オリジナリティーある画像とは何か？

- **レビュー写真**
- **その他写真（写メやオリジナルの画面キャプチャなど）**
- **自作の画像**

とはいえ、最初からオリジナル画像を用意するのも大変だと思いますので、無料の素材を加工する形でも良いでしょう。それでも一手間加えれば、自作の画像になります。

画像の加工方法

フリー素材をそのまま使うのもありなのですが、もっと記事をわかりやすくするためには加工が必要です。そんなときはグラフィックデザインツールのCanvaがおすすめですね。今回は使いやすさを考慮してCanvaのアプリで画像を加工する方法を紹介します。

▲canva　https://www.canva.com/

❶ Canvaにアクセスする

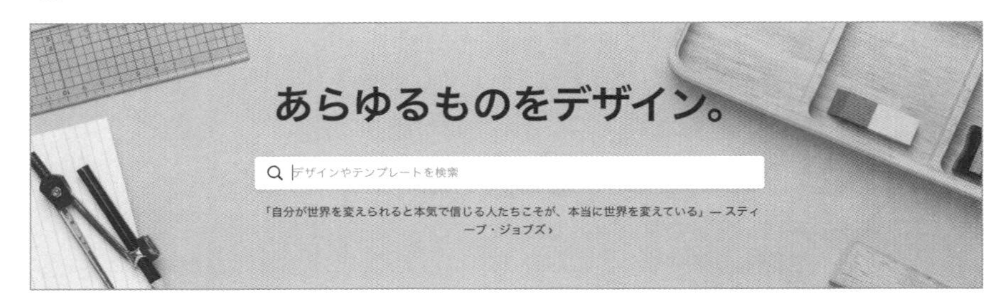

❷ 画像のサイズを決める

画像のサイズは、カスタムサイズから自由に調整できます。

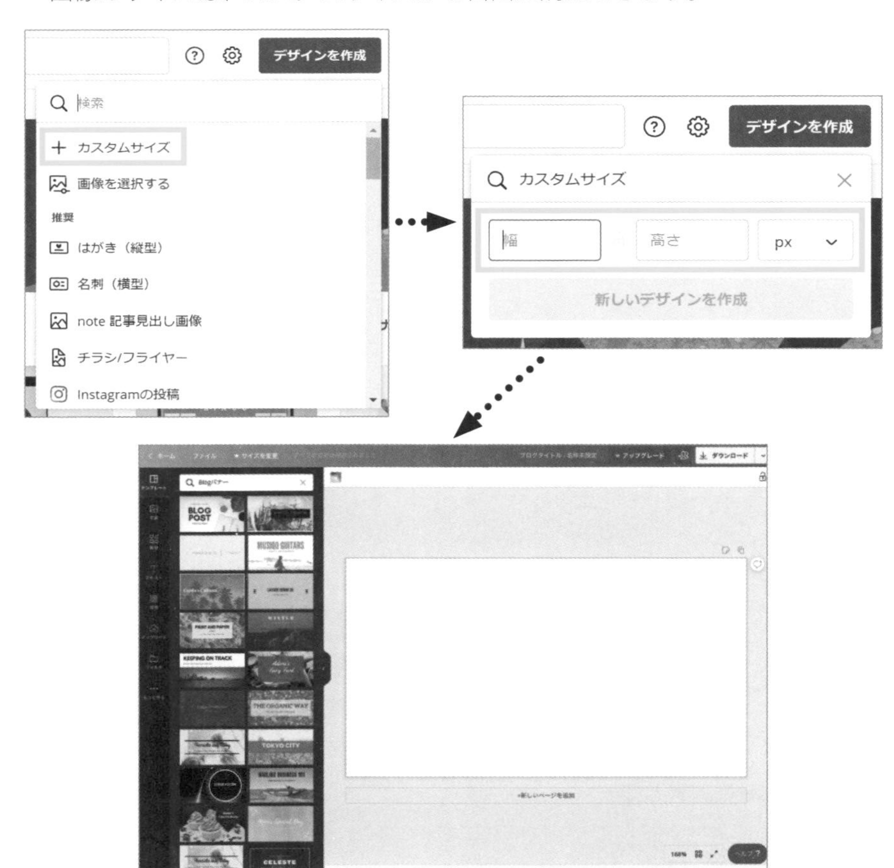

❸ 要素を追加する

メニューボタンから、さまざまな要素を追加することができます。ここでは、先程のフリー素材サイトからダウンロードした画像を追加してみましょう。

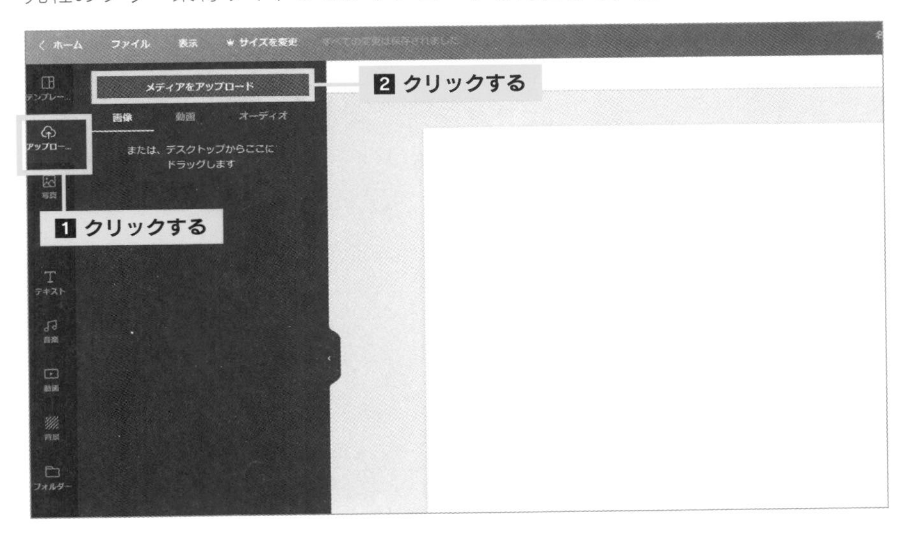

❹ さらに要素を追加して装飾する

このように先ほどフリー素材サイトからダウンロードした画像を使って、背景を追加したり文字を追加したりしてオリジナル画像が簡単に作れました。

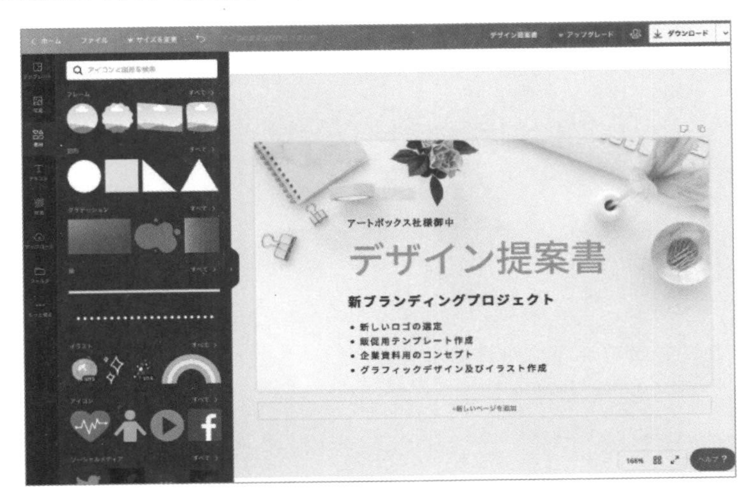

他にも「図形」や「ロゴ」なども追加できますし、Canvaにもともと入っているテンプレートを題材にしてアイキャッチ画像を作ることもできます。

画像の読み込み速度を意識する

複数の画像を使用する際は、読み込みの際にページ表示速度が落ちてしまう場合があります。画像があるが故に、ユーザビリティーを損ねてしまっては元も子もありません。

小規模サイトではあまり問題になりませんが、複数のページを作る際は画像の軽量化をおすすめします。こちらのサイトで簡単に軽量化することができるので試してみましょう。

● **tiny PNG https://tinypng.com/**

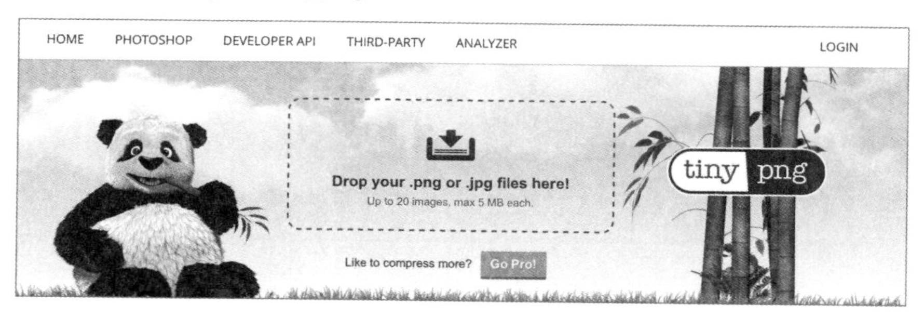

サイト内に画像があるのとないのでは、ユーザーのサイト滞在時間やコンバージョン率も大きく変わってきます。

ここまででだいぶアフィリエイトのことが理解できてきたのではないでしょうか？
次章はいよいよ実践編です。

アフィリエイト・ブログの実践

基礎知識が理解できたところで、早速実践に移していきましょう。
ここでは本書で紹介した通りに、さまざまな理屈を
理解しなくてはいけないアフィリエイトのパーツを
最小単位まで落とし込んだ「ペラサイト」を題材に
基礎基本を身につけていきます。
1つ1つ着実にインプットすることで消化不良にならず
正しく知識が身につきます。

SECTION 4-1

〈セルフバック編〉まずは報酬を体験してみよう！

「セルフバック」をご存じですか？　これを上手く活用すればアフィリエイトに必要なものを準備するときの費用としても使えます。ルールを守って活用してくださいね。

セルフバックを上手に活用しよう

アフィリエイトの仕組みを体感するために、自分でアフィリエイトシステムを利用する「**セルフバック**」を使って報酬を発生させてみましょう。

セルフバックを使えば、知識ゼロでも5万円～10万円なら「**確実に！**」稼ぐことができます。発生した報酬は、これからアフィリエイトに取り組むための準備資金にもなります。

セルフバックってなに？

セルフバックとは、通常のアフィリエイトと違い**「商品を購入するのはユーザーではなく自分自身」というスタイルのアフィリエイト**です。

セルフバックの仕組み その❶

アフィリエイターがASPから広告を探し、自分のリンクから商品購入かサービス申込みを行う

セルフバックの仕組み その❷

ASPから商品が売れると、広告主がASPに対して広告費を支払う

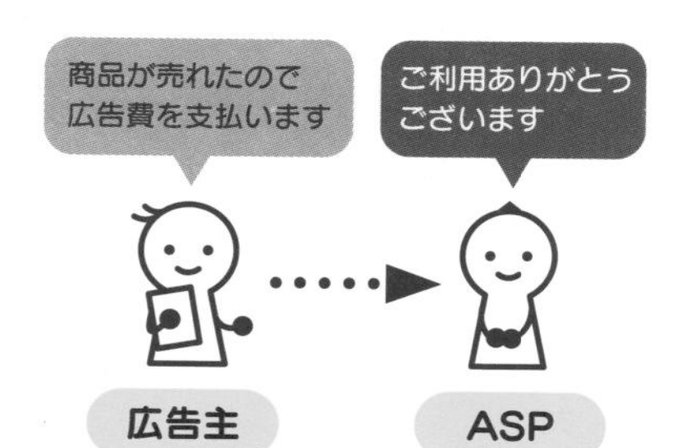

セルフバックの仕組み その❸

アフィリエイターにも広告費の一部が支払われる

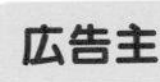

自分の広告リンクから自分で商品を購入することで報酬を得るということですね。無料登録だけで成果が発生する案件もありますし、商品代金がそのまま報酬となって返ってくる案件もあります。

セルフバックの方法

それでは具体的なセルフバックの方法について解説していきます。

❶ セルフバック可能なASPに登録

まずは、セルフバックができるASPに登録しましょう。

ASPだからといって、どこでも自己アフィリエイトができるわけではありません。

小規模なASPでは、自己アフィリエイトできる広告案件がほとんどありません。下記のセルフバックができるASPに会員登録をしましょう。

ASP名	自己アフィリエイト名	URL
A8.net	セルフバック	https://pub.a8.net/
afb	selfB	https://www.afi-b.com/
アクセストレード	アフィバック	https://www.accesstrade.ne.jp/

❷ 案件を選ぶ

ASPに登録したら、案件を選びましょう。

※今回はA8.net（エーハチネット）で解説します。

A8.netのセルフバックには「本人OK」と「セルフバック」という2つの種類があります。

- **「本人OK」➡ 広告主と提携してアフィリエイトリンクを取得しそこから自分で購入する**
- **「セルフバック」➡ 提携申請の必要は無し。セルフバックページから直接申し込むことで報酬を得ることができる**

❸ 本人OKの案件の探し方

サイトの上部ヘッダー直下の「プログラム検索」にマウスのカーソルを合わせ、プルダウンしたメニューから「プログラム検索」をクリックします。

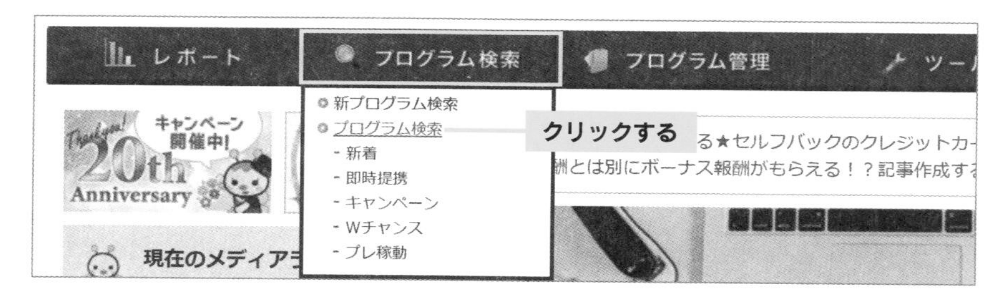

開いたページの「追加したい条件を指定」の「本人申込OK」にチェックを入れ「検索」をクリックします。

追加したい条件を指定				
プログラム種別	指定無し	セルフバック		
プログラム詳細	新着プログラム	キャンペーンプログラム	Wチャンス	プレ稼動プログラム
	即時提携	クリック課金	商品リンクあり	ITP対応
	本人申込OK	チェックを入れる	電話成果対象	
掲載条件	ポイントサイトOK	リスティングOK		
対応デバイス	スマートフォン	モバイル		

出てきた案件の１番下の欄を見てみましょう。

「本人OK」に色がついていれば、広告主と提携し、**取得したアフィリエイトリンクから自分で商品を購入することで報酬を得ることができます。**

またこの案件では「セルフバック」にも色がついているので、セルフバックページから購入することで自己アフィリエイトを行うこともできます。

※アイコンが灰色になっているものは対応していないということになりますので、注意しましょう。

● 他のセルフバック可能な案件の探し方

サイトの上部ヘッダー直下の「**セルフバック**」をクリックします。

レポート　プログラム検索　プログラム管理　ツール　セルフバック

すると、セルフバック可能な案件が表示されます。

④ 申し込んでみる

案件が決まったら実際に商品を購入したりサービスに申し込んでみましょう。さまざまな種類のセルフバック対象案件があります。

- **WEBサービス**
- **インターネット接続**
- **仕事情報**
- **学び、資格**
- **暮らし**
- **不動産、引っ越し**
- **金融、投資、保険**
- **口座開設**
- **商品モニター**

クレジットカード発行や口座開設などは、報酬が高額に設定されています。

年会費無料のクレジットカードなどであれば基本的にリスクも無いので、条件などを確認して申し込んでみましょう。

今後アフィリエイトをしていく上でもドメインの購入やサーバーの契約などでクレジットカードを使う機会は多くなります。

他にも報酬単価は低いですが、無料登録や電話調査、ポイントサイト、無料相談などの手軽に申し込みできるセルフバック案件もあります。成果条件をよく確認し、必要事項を入力して申し込めば完了です！

セルフバックの報酬はいつ振り込まれるの？

成果条件を満たす申し込みをすると、**セルフバック速報**に報酬額が表示されます。承認されるまでの期間は広告主によって違います。

セルフバック速報　マイページを見る

	本日	今月(昨日まで)
オーダー数	0件	0件
報酬額	0円	0円

成果条件によっては、それを満たすまでに時間がかかるものもあるので広告主が確認してからの承認になります。

クレジットカード発行やFX口座の開設などでは「発生報酬」が「**確定報酬**」に変わるまでに２ヶ月ほど要する場合もあり、期間は案件によりマチマチです。

どのASPも報酬が「確定」してから期日に合わせて振り込みしてくれます。

準備が整ったところで、次は自分の力で稼いでいくフェーズに移ります。

セルフバックの注意点

楽に確実に稼げるセルフバックですが、注意点もあります。

- **継続的には稼げない**

基本的に1案件1回のみしか使えません。

つまりセルフバックだけで継続的に稼ぐことはできないということです。

最初の準備資金や、アフィリエイトの仕組みを理解する目的、もしくは報酬を獲得する体験をするためと認識しておきましょう。

- **転売禁止**

セルフバックを利用してタダ同然で手に入れた商品を他のプラットフォームで転売する方がいます。

当たり前ですがこれは違反行為です。

もしばれた場合は、ASPアカウントの停止など厳しい対処をされる可能性があるので絶対にやめましょう。

おさらい

セルフバックを上手く使うポイント

- セルフバックは知識ゼロでも稼ぐことができて、アフィリエイトをするための準備資金にもなる
- クレジットカードや口座開設は高単価！　条件などに合致していれば利用してみよう
- セルフバックは成果条件を確認してから行おう

SECTION 4-2

〈ペラサイト編〉サイトアフィリエイトの最小単位で基礎を身につけよう！

アフィリエイトを学ぶなら、まずは最小単位であるペラサイトに取り組むべき3つの理由を解説します。

ペラサイトこそ最初に踏むべき手法

第1章の「アフィリエイトにはたくさんの種類がある」で前述した通り、ペラサイトはアフィリエイトの最小単位の手法になります。

- 細分化されていて基礎基本がわかりやすい
- 複雑なノウハウが分解されていて消化しやすく継続できる
- 報酬までの道のりが恐ろしく短い

大きくこのような特徴があり、続けることが最も難しいアフィリエイトの世界で、最初に踏むべき手法だと確信しています。

ペラサイトでいくら稼げるのか？

ペラサイトでいくら稼げるのか……これは背景となる情報が無数にあるため決定的なことは誰にもわかりません。

- 1ヶ月に1サイトしか作らない人と30サイト作る人では違います
- 全て無料で行なっている人とツールや情報に資金をかけてやっている人とでは違います
- ノウハウをどのように理解しているかも人によってまちまちです

ですが、2017年からスクール事業を行い指導してきた実体験に基づいてのお話ならできます。

現在私が運営するITスキルを学ぶためのオンラインスクール「副業の学校」内のアフィリエイト講座には、600名近くの受講生が在籍しています。2017年〜と考えると受講生の累計は、ゆうに1,000名は超えているはずです。

受講生全員が私に報酬を報告しているわけではないので、正確な数字はわかりませんが、**開始1年以内に月収100万円を達成した方を10名は知っています**。私のYouTubeに複数名の対談が上がっていますので興味のある方は見てみてください。

月5万、月10万、月30万、月50万……これぐらいの金額を稼いだ方はもっとたくさんいます（※ペラサイト手法のみの金額というより、ペラサイト手法でアフィリエイトをスタートさせ、様々なアフィリエイトの手法を組み合わせて収益化した結果）。

金額も大事ですが、ペラサイトの最大の特徴でもある「**初報酬までのスピード感**」も見逃せません。

- **作って次の日に売れる**
- **さっき作ったサイトから5000円の報酬が上がった**
- **アフィリエイト開始の初月から収益化できた**

これは、他の手法では100%に近い確率でありえないことです。

仕組みを構築するまでに少なくとも半年は有するアフィリエイトの世界は、見通しを立てることのできない初心者が手探りで進むにはあまりにも過酷すぎます。このように、モチベーションがポキッと折れてしまう前に少しでも結果が出たら？　**一番難しいとされていた継続ができるのではないでしょうか**。

ペラサイトはオワコンなのか？

とはいえ「アフィリエイトはオワコン」「ペラサイトなんて稼げない」このような否定的な声は常にあります。

理由は２つほどあると思っており、それが以下です。

❶ Googleのアルゴリズムの変動による上位表示の難しさ
❷「ペラサイト＝１枚ものの薄っぺらいサイト＝スパム」という短絡的思考

１つ１つ見ていきましょう。

❶ Googleのアルゴリズムの変動による上位表示の難しさ

昨今のGoogleでは、個人のサイトがSEOで上位表示するのが難しくなってきています。

大型サイトや広いテーマで作るブログなど、稼げるキーワードでは特にです。

「ダイエット」「クレジットカード」「育毛剤」「筋トレ」……このような汎用性のあるテーマで作ったサイトをSEOから集客するのは現在では至難の技です。

ですが、**ペラサイトで狙うべきキーワードは、決して大きく稼げるキーワードではありません。**

ニッチなキーワード（つまり競合の弱い上位表示しやすいキーワード）且つ購買意欲の高いキーワードを探していくのがペラサイトの手法です。

もちろん１つ１つのサイトで稼げる金額は少額かもしれません。ですが１記事のみで構成されたサイトゆえ、作成労力はとても軽く、早い人では１サイト１時間程度で作れることから、複数のキャッシュポイントを持つことができます。

１つのサイトが月に１万円しか売上がなかったとしても、それが10個あれば10万円です。

「それでも今の時代では難しいんじゃ？」と考える人もいるでしょう。ではこれを見てください。

KYOKO@副業の学校代表▶登録者11万人女性ビジネス系YouTuber
@KYOKO_Affiliate

ちょっと実験的にペラサイトをいくつか作っていまして
5/9に作った1サイトで報酬が発生です

19日で収益化ですね

上位3位が公式で今4位の価格系KW

他のペラも着々と順位を上げておりすぐに収益化となるでしょう

コツがあるので受講生にはサイト公開しZOOMでレッスンします

他のサイトも公開します

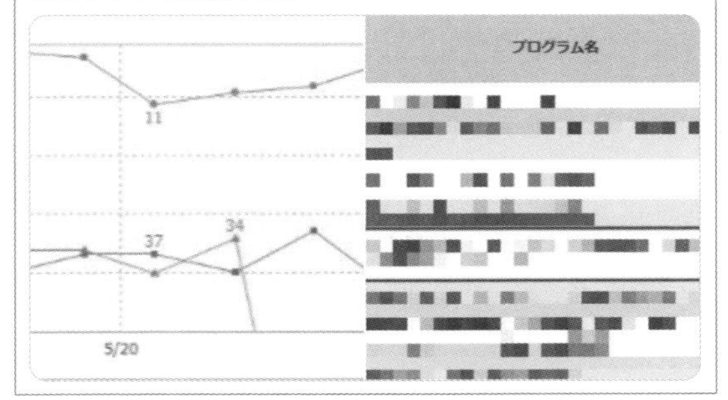

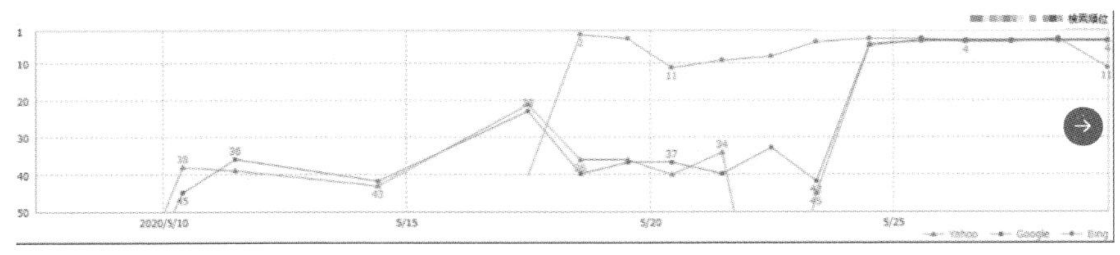

※検索順位の推移、GRCの動向

上図で紹介しているのは「アフィリエイトは厳しくなった」という声が強くなってきたごく最近に作ったペラサイトです。

2020年5月に作成し、あっという間に上位表示し、19日間という短い期間で初報酬となりました。今でもポツポツ売れています。

このようなサイトが10個20個100個あったらどうでしょうか。会社からのお給料を月に5万円アップさせるのはハードルが高くても、大型サイトで上位表示させるのが難しくても、最小単位のペラサイトであれば比較的簡単に達成できます。

それはペラサイト特有の「**ライバルのいない隙間を縫った戦略**」があればこそです。

Googleの検索結果からアクセスを集める「SEO集客1本」でいくのであれば、**今のトレンドは「大きなところ」より、逆に「小さなところ」であることは間違いありません**。

❷「ペラサイト=1枚ものの薄っぺらいサイト=スパム」という短絡的思考

アフィリエイトの世界では初心者であればあるほど「リッチなコンテンツこそが正義」と思いがちです。

そのため、1記事だけで構成されたライトな情報を提供するペラサイトは「スパム的手法」と揶揄されることもあります。ですがよく考えてみてください。ペラサイトでターゲットとするキーワードは、例えば「プロアクティブ　効果いつから」などの非常に局所的なキーワードです。

このキーワードをテーマに記事を書いていくわけですから、その**答えも局所的になる**のがおわかりでしょう。

「プロアクティブを使ったらいつ頃から効果が現れるのか？」これが答えです。

それなのに、多くの初心者がこのキーワードに対し「ニキビとは？」とか「ニキビができる原因」のような内容も付属して書きたがります。

これは**プロアクティブの効果がいつごろから現れるのか知りたいユーザーからしてみれば余計な情報に他ありません**。

検索ユーザーは忙しく「**知りたいことを知りたい部分だけサクっと見たい**」と考えてインターネットを使っています。

つまり**「リッチコンテンツこそが正義」という考えは、小さな親切大きなお世話**なわけです。

「ユーザーはなぜ検索するのか？」を考えましょう。もちろん、答えが知りたいからですね。

- **目的地までの道のり**
- **わからない言葉の意味**
- **興味のある商品の情報**
- **第三者の意見や口コミ**

実体験を伴う１次情報を発信するのがブログなら、**検索キーワードに対して、とにかく誠実に答えを返すのがサイトアフィリエイトの特徴**です。

特にペラサイトで狙うキーワードは、答えの範囲が狭くなる超具体的なものですから、文章がコンパクトになるのは当然ですね。

「オワコン」とは何を持ってそういうのかはわかりませんが、初心者が無料で集客できるSEOアフィリエイト１本でやるのであれば、逆にペラサイト以上の手法はないと思います。

そしてペラサイトを通じてアフィリエイトの基礎基本を身につけたら、どんどん規模を広げて応用していくのが良いと思います。**1ができない人に10はできません**。まずはペラサイトで基礎をしっかり身に付けてください。

ペラサイト作成の事前準備をしよう

ペラサイトを作る前に事前に準備しなくてはいけないものがあります。

これはペラサイトに限ったことではなく、本格的にアフィリエイトをやろうと思えばどんな手法でも必要になるものです。

ドメイン

ペラサイトは量産するスタイルで行います。複数のペラサイトを作っていきましょう。売れるキーワードの感覚がつかめていない状態でも、たくさんのキーワードに触れて「どんなキーワードが売れるのか？」「このキーワードの答えはこう」と考えていくことで、肌感的に理解できるようになっていきます。ペラサイトを量産するということは、ドメインを複数購入していくということです。ペラサイト用のものは安いドメインで構いません。

- .tokyo
- .work
- .site
- .xyz
- .biz
- .club

これらのドメインであれば、料金は年間60円程度、高くても500円程度で収まります。1個60円のドメインであれば、100個買っても1年で6,000円です。もちろん、これは一生払い続けるお金ではありません。

翌年は、商品が売れたペラサイトだけドメインを更新し、そうでないペラサイトのドメインは更新しません。こうすることで、稼げるペラサイトだけを残していけます。

ペラサイト用サーバー

取得したドメインをレンタルサーバーに設置することで、インターネット上にサイトが反映されます。

ペラサイトは量産するので、たくさんのドメインを格納できるサーバーを使用することになります。ペラサイト用のサーバーとしておすすめしたいサーバーは「**ヘテムルサーバー**」です。

ペラサイト用にヘテムルサーバーがおすすめな理由

- **マルチドメイン数が無制限 ➡ 大量のドメインを格納することができる**
- **無料独自SSL可能 ➡ ペラサイトでもSSL化が簡単にできる**
- **サポート体制万全 ➡ 24時間360日有人監視でトラブル発生時も電話サポートありだから初心者にも安心**

プランにもよりますが、月額1,000円程度で運用でき、サポートも充実していることから、まだアフィリエイトを始めたばかりの初心者の方でも安心して使えるサーバーだと思います。

ペラサイト作成ステップ❶ キーワード選定＋商品選定

ペラサイトを作る基準はひとえに「キーワードありき」です。「どの商品をやったらいいか……」で悩むのではなく**「どのキーワードが空いているか？」を基準に選んでいきます**。

ここを間違ってしまうと、ペラサイトのスピード感や本来の意図を満たすことができなくなります。

- **ライバルの弱いキーワードを探す**
- **キーワードに対して適切な答えを返す**
- **素早く複数のサイトを作る**

これがペラサイトの芯となるものです。

商品選定

まずはASPから、自分が取り組みたい商品を探してみましょう。

A8.netであれば、検索窓部分にキーワードを入れたり、ジャンルなどの条件を指定して探すことができます。

売れやすい商品の特徴

- **無料で登録、購入できるもの**
- **LPがきれいで見やすいもの**
- **テレビや雑誌などのメディアに露出しているもの**
- **継続回数の縛りがないもの**
- **返金保証がついているもの**

取扱対象商品の販売ページを見てこれらを確認してみましょう。

キーワードを決定する

ペラサイトではその商品にまつわる、ライバルの弱いニッチなキーワードを選んでいきます。

※商品名キーワードでアフィリエイトするスタイルを、商標アフィリエイトといいます。

ペラサイトは記事数が少ないので、サイト自体にはどうしてもパワーが付きません。

パワーがないサイトでは、ビッグキーワードを狙っても上位表示することができないので、**少ない記事数でも勝てるキーワードを選定する**必要があります。

商標キーワードは「ニキビ　治したい」といったような一般キーワードと違い、すでにその商品のことを知っていて、購入までのあと一歩が踏み出せない人が検索するキーワードです。

もちろん商品名を知っている人は、ニキビに悩んでいる人全体から見るとごく少数です。

つまり検索ボリュームは低くなりますが、そのキーワードで検索する人の購買意欲は圧倒的に高いといえます。

ではどのようにキーワードを選べば良いのでしょうか？

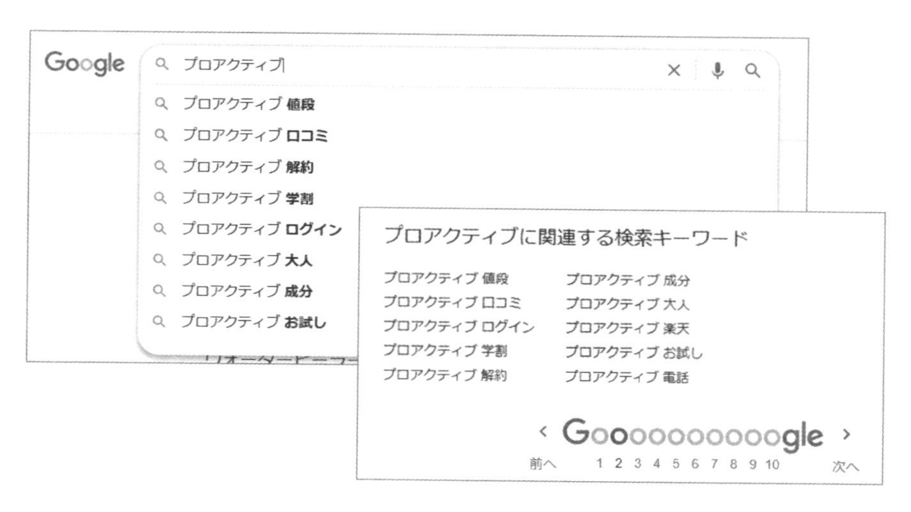

これはGoogleで「プロアクティブ」と検索した結果です。

最下部のほうに関連キーワードが出てきますが、ここに表示されるキーワードは需要のあるキーワードがほとんどです。

この中から**「あまりメジャーではないキーワード」を選んで記事を書いてみてください。**

需要があり、かつライバルのいないキーワードを狙うのがペラサイト手法でのキーワード選定のコツです。

他にも商品名に関連する悩みを知るためには、ツールを使います。

● ラッコキーワード（旧：関連キーワードツール）

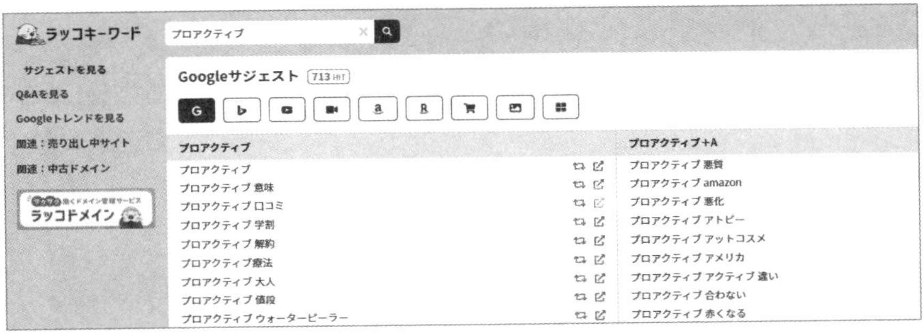

ラッコキーワード（旧：関連キーワードツール）
https://related-keywords.com/

ラッコキーワード（旧:関連キーワードツール）は無料で使えるツールです。

検索窓に任意のキーワードを入れることで、それに**関連するキーワードを一括で取得**することができます。

この中からライバル不在のキーワードを探していきます。自分が作ってみたいサイトのキーワードを、実際にGoogleの検索窓に入れて調べてみましょう。

そのキーワードがタイトルに含まれたサイトが1ページ目にどれぐらいありますか？　**1ページ目にキーワードを含むタイトルのサイトが乱立している場合、参入を見送りましょう。**

逆にそのようなサイトが少ない場合は、作ってみる価値があります。瞬く間に上位表示して商品が売れることはよくあります。

ペラサイト作成ステップ❷

サイト作成ツールSIRIUSでサイト立ち上げ

キーワードが決まったらドメインを取得しサーバーに設置し、サイトの作成に移ります。

サイト作成ツールについて

サイトを作成するツールとしてはWordPressが一般的ですが、WordPressは初期設定などのハードルが高いです。初心者さんが量産を必要とするペラサイトを作成するわけですから、効率的、かつ操作方法が簡単なサイト作成ツールをおすすめしたいところです。

もちろんWordPressでもダメではないのですが、ペラサイトをやるなら「**サイト作成ツールSIRIUS**」で作成することをおすすめします。

SIRIUSとは、HTMLサイトが恐ろしく簡単に作れてしまう作成ツールです。

SIRIUSの特徴

- **直感的で使いやすい**
- **初期設定がほとんどない**
- **アフィリエイトサイトに特化したツール**
- **デザイン性の高いテンプレートが多数**

SIRIUSを使えば、難しい知識がなくても比較的簡単に綺麗なサイトを作ることができます。SIRIUSのさらに詳しい説明とサイト制作の手順を、私のブログでまとめてあります。次ページのURLからご確認ください。

【KYOKO特典付】サイト作成ツールSIRIUS（シリウス）の評判を完全レビュー

https://only-afilife.com/?p=611

サイト作成ツールSIRIUSには通常版と上位版がありますが、上位版をおすすめしております。サイト作成を行っていく上で欠かせない機能がしっかりとついているからです。

SIRIUSは買い切りのツールで、価格は通常版が18,800円（税込）、上位版が24,800円（税込）になります。

SIRIUSから「新規作成」する

SIRIUSで新しくサイトを作成する方法を解説します。SIRIUSでは非常にシンプルな操作で簡単にサイト作成ができるので、焦らず1つ1つ進めていきましょう。

SIRIUSを立ち上げて「サイト管理画面」の上部にある「**新規作成**」をクリックします。すると、**サイトの全体を設定する画面**が表示されます。

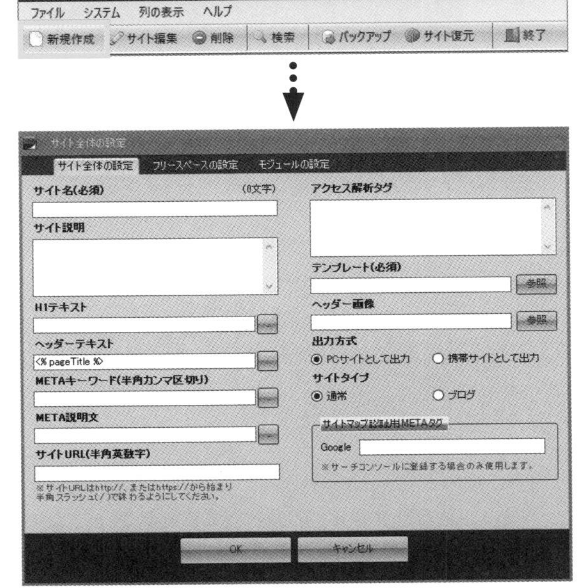

▲「サイト全体の設定」画面

● **「サイト全体の設定」画面の入力項目**

「サイト全体の設定」画面で、サイトのタイトルやデザインなど、これから作ろうとしているサイトの大元となる非常に重要な設定をします。

下記を参考に入力しましょう。

❶ **サイト名：**サイトの名前、タイトルとなる項目。

❷ **サイト説明：**サイト名の直下に表示される文章。そのサイトがどのようなサイトなのかを簡潔に説明をします。

❸ **サイトの一番上に表示されるテキスト：**そのサイトで最も重要視しているキーワードを入力します。

❹ **ヘッダーテキスト：**サイトのヘッダーに表示されるテキスト。

❺ **METAキーワード：**サイトのソースに記述するもので、半角カンマ「,」で区切って入力します。

❻ **META説明文：**サイトのソースに記述するもので、そのサイトがどのようなサイトなのかを入力します。

❼ **サイトURL：**サイトのURLを入れます。SSL化した場合にはhttps://と「s」をつけます。入力の最後は「/」で終えます。

❽ **アクセス解析タグ：**アクセス解析を利用する場合はこちらにタグを入力します。

❾ **テンプレート：**サイトの見た目を選ぶ項目になります。

❿ **ヘッダー画像：**サイトの最上部ヘッダーを選択する項目になります。

⓫ **出力方式：**PCサイトとして出力するを選択します。

⓬ **サイトタイプ：**ペラサイトでは通常タイプを選択します。

⓭ **サイトマップ認証用METAタグ：**Googleサーチコンソールを利用する場合には、こちらにタグを入力します。

これら設定画面の項目を入力し「OK」をクリックすると、サイトの新規作成ができます。

ペラサイト作成の詳しい手順はこちらの動画をご覧ください！

シリウスでアフィリエイトサイトをアップロードする一連の流れ公開！ https://youtu.be/cHynMjhWAWo

ペラサイト作成ステップ❸ コンテンツ作成＋ライティング

次にコンテンツの中身を作成していきます。

大まかな流れ

❶ テキストエディタに下書きをする
❷ SIRIUSに移す
❸ 装飾をする

この中で一番肝となるのが、**下書き段階におけるコンテンツの熟考**です。本書では下書きをSIRIUSに移して装飾する過程は割愛させて頂きますが、一番重要なコンテンツの中身について、ここから詳しく触れていきます。

構成の大枠を理解する

1枚もののペラサイトだからこそ、キーワードに対する答えを明確に返さなければユーザーは、即ブラウザバックしてしまいます。しかも**端的に、鋭く答えを返さなくてはいけません**。

ですが無数にあるキーワードの中で、その度に構成を考えていくのは初心者にはハードルが高すぎます。

でも安心してください。購買意欲の高いキーワードを取り扱うペラサイトにおいては、購買心理に基づいた王道の型というものがあります。それが、この図の構成です。

まずは**リード文**から始まります。ここで商品の概要についてさらっと説明し、問題提起をします。

次に来るのが**メインコンテンツ**です。メインコンテンツではキーワードに対する答えを明確に記載します。記事のなるべく早い段階でキーワードに対する答えを提示しましょう。

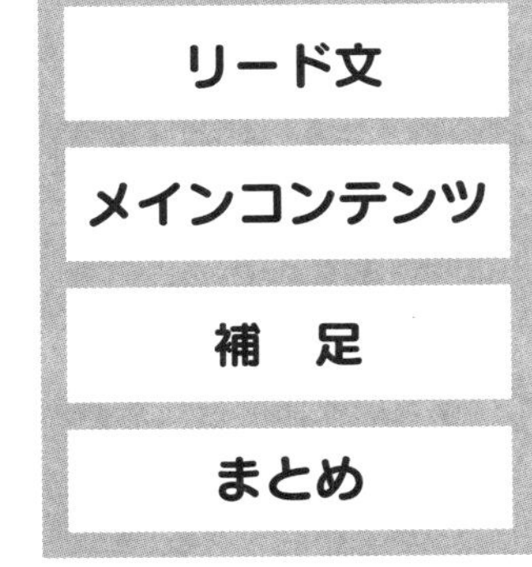

ネットユーザーは忙しいので、**パッと見て大体の結論がわかる位が好ましい**です。

その次は、**メインコンテンツに対する補足のトピック**です。商標キーワードで記事を作っているのであれば、口コミなど客観的な視点を補足として入れても良いでしょう。

そして**最後にまとめを入れます**。この記事の伝えたいことは何だったのか？結局1番重要な結論は何だったのか？　をここでまとめます。

商標であれば、**最後に価格系のトピックを入れて購入の後押し**をしましょう。

元々購入を迷っていたユーザーの悩みを解決し、購入へのアクションをそっと後押ししてあげる記事構成になっているかと思います。

このような購入を促すライティングを、**セールスライティング**といいます。

セールスライティングの型

セールスライティングの型も前述したものだけではありません。キーワードに対する訴求方法によって、相性の良い構成にしていくことをおすすめします。

先ほどの型は購買心理を反映したオーソドックスなライティング技法である「**AIDMAの法則**」を利用したものです。

A	Attention	注意＝リード文
I	Interest	興味＝問題提起
D	Desire	欲求＝問題解決
M	Memory	記憶＝ベネフィット
A	Action	行動＝アクション

AIDMAの法則とは、消費者の行動の流れを示したもの。消費者は物を購入するときに「注意→興味→欲求→記憶→購入」の流れを無意識にとっているとされています。

ネガティブ系のキーワードでコンテンツを作成するのであれば「**PASONAの法則**」でのライティングが高い親和性を持ちます。

P	Problem	問題＝問題提起
A	Agitation	煽り＝問題を煽る
So	Solution	解決＝解決方法を提示
N	Narrow Down	限定＝限定性を持たせる
A	Action	行動＝アクション

PASONAの法則とは、消費者の購買を促すためのメッセージ性を表したものです。

セールスライティングには他にもさまざまなテクニックがありますが、ネットの世界でお金を稼ぐのに、これ以上最強の武器はありません。

ライティング技術を高めておけばペラサイトに限らず、どんな手法を行うにしても高い確率で結果が出るでしょう。

このようにしてキーワードに対する答えを的確にコンテンツに落とし込んだら、サイト作成ツールSIRIUSに入れ、画像や文字装飾をしサーバーにアップロードすることで検索結果に反映されます。

キーワードに対する検索意図を正しく捉えており、ユーザーの悩みをズバッと解決できている内容であれば、検索結果の上位に表示されるでしょう。

正しくキーワード選定ができていれば、購買意欲の高いペラサイトのキーワードでは、恐るべき速さで収益化します。

紙面の都合上、書ききれなかったペラサイト作成の詳しいノウハウを動画で解説しています！　158ページ、206ページを参照してください。

ペラサイトの作り方について一連の流れは理解できたでしょうか？
このやり方が身につき成功体験を積むことができたら、どんどん応用していって欲しいと思います。

規模の大きなサイトの作り方

SEO集客のみで勝負するのであればペラサイト手法だけで戦うのもありですが、大きくビジネス展開していこうと思うのであれば、これからのネットの世界ではマルチなスキルが求められます。

規模の大きなサイトの考え方

サイトの規模が大きくなるということは、つまり狙っているキーワードの検索ボリュームも大きくなるのとイコールです。

言い換えれば「**たくさんの人が検索するような大きなキーワードで上位表示したいから、それに必要なコンテンツが必要になり、サイトの規模が大きくなる**」こういうことです。

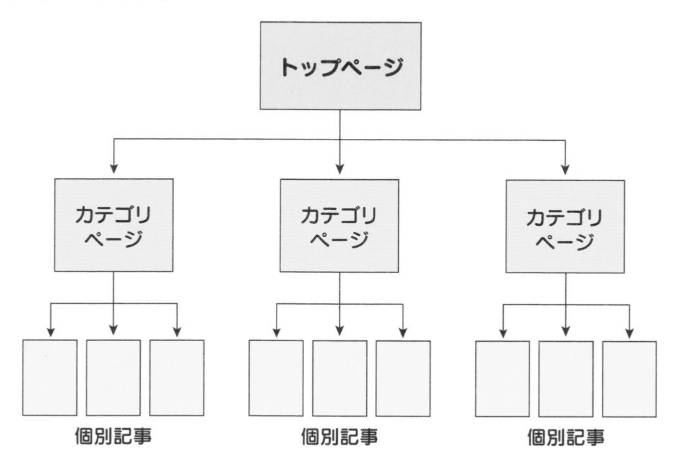

いうなれば、**ペラサイトではこの図の「個別記事」の１つを対策していたに過ぎません。**ですが規模が大きくなればなるほど、複数の個別記事での団体戦になっていきます。

大まかな作成手順

具体的に説明するとこの部分だけで本一冊くらいになってしまいそうなので、大まかな作成手順を解説します。

❶ 目標キーワード周りの関連キーワードを洗い出す
❷ 関連キーワードを整理する
❸ 記事設計する　**❹ 執筆する**

上位表示を狙っているキーワードの検索意図を包括的にサイト内で対策するために関連キーワードを洗い出し整理する作業が必要になります。

さらに1つ1つの記事で対策するキーワードの大きさも、ペラサイトのように局所的ではない場合もあるため「パッと直感的に思いついた答え」では的を得ないこともあるので、しっかりとリサーチし記事設計をする必要があります。

全ての設計図を整えたら、それに従い計画的に執筆していきます。**ここでペラサイトの技術が活きてきます**。1の段階をすっ飛ばしてここに来てしまうと、おそらくどの工程も意味不明だと思います。

しかし、基礎がしっかりできていれば、全てのパズルのピースがつながる感覚があるはずです。ここのパートはまだ頭の片隅に留めておいてください。

紙面の都合上、書ききれなかったペラサイトを含むサイトアフィリエイトの具体的なノウハウを動画で解説しています！（206ページ参照）

おさらい

ペラサイトの特徴を理解して実践しよう

- ペラサイトは基礎基本がわかりやすく最初に踏むべき手法
- ペラサイトの最大の特徴は「初報酬までのスピード感」
- ペラサイトは効率的かつ操作方法が簡単な「サイト作成ツールSIRIUS」がおすすめ

COLUMN

GUEST なかじさん

コワーキングスペースを運営するなど、ネットだけでなくリアルの世界でも活躍されているなかじさんにコラムを執筆していただきました！

はじめまして、株式会社メリルの中島大介（HN: なかじ）です。私はブログ「アフィリノオト」やYouTube「ウェブ職TV」で、アフィリエイトやSEO対策の情報発信をしています。

すでにアフィリエイトを始めている人は、私のことを知ってくれているかもしれません。私のことを知らない方のために少しだけ自己紹介させてください。

大学在学中の2005年にブログを開設して以来、私は15年間アフィリエイトをやっています。アフィリエイトだけではなくASPや広告代理店での勤務経験も3年以上あるため、普通の人は知り得ないアフィリエイトの裏事情にも詳しいです。

2005年からアフィリエイト業界を中と外から見てきた人間は、私以外にはなかなか見つからないはずです。

今後のSEOアフィリエイト

昔のアフィリエイトは裏技的な手法で稼げてしまうことがありました。初心者が訳もわからないうちに月50万円、100万円と稼げてしまうことも珍しくありませんでした。

しかし、数年前からアフィリエイトは裏技的な手法で稼げることが少なくなっています。その理由は、本書でも解説されていたGoogleのアップデートなどにより個人サイトがSEOでは上位表示されにくくなっているからです。

このSEOの状況は、これからも変わらないと私は予想しています。

私はこれからアフィリエイトを始める初心者には、本物の稼ぐ力が求められると考えています。

初心者がアフィリエイトで稼ぐ方法

本物の稼ぐ力とは、検索ユーザーの悩みを解決してあげられる力のことです。

誰かの悩みを解決できるサイトは、世の中に価値を提供しているといえます。その結果、アフィリエイトでお金を稼ぐことができます。これはアフィリエイトだけじゃなく、世の中のビジネス全てに共通することです。

サイトを通じて世の中に価値を提供して、その対価としてお金を受け取る。これからアフィリエイトで稼ぎたい初心者は、この本物の稼ぐ力を身につけることが重要です。

そのためにやるべきことは、検索ユーザーの悩みを解決する読者満足度の高いサイト作りです。

読者満足度の高いサイトを作るポイントは、次の２つ。

- **検索ユーザーの悩みを解決するコンテンツを見抜くこと**
- **読者を飽きさせず、最後まで読んでもらえる文章を書くこと**

これはアフィリエイトで昔流行った「誰でも簡単にお金を稼げる楽な裏技的な手法」とは全く違うものです。

読者満足度の高いサイトの作り方

せっかくなので、読者満足度の高いサイトの作り方も少しだけ紹介します。文字数の都合で詳細な解説はできないため、ここでは要点だけを簡単に解説します。

読者満足度の高いサイト作りで重要なことは、検索エンジンより検索ユーザーを意識することです。

SEOアフィリエイトにおいてキーワード選定は重要といわれています。しかし、私はあえてキーワード選定しないサイト作りを推奨しています。初心者はキーワード選定より読者の悩みを解決するために必要な記事を書くことが重要です。

キーワード選定ばかりして結果的にサイトを訪問してくれた読者の悩みが解決しなければ、意味がないですよね？

ブログ全体で大きな悩みを解決するために、記事単位で読者の抱える小さな悩みを解決する意識を持ってください。

サイト内では、まとめ記事を起点にした記事群を作ります。まとめ記事とは、トピックの内容を広く浅く網羅的に扱った記事です。まとめ記事の下に詳細記事が、ぶら下がるようなイメージです。

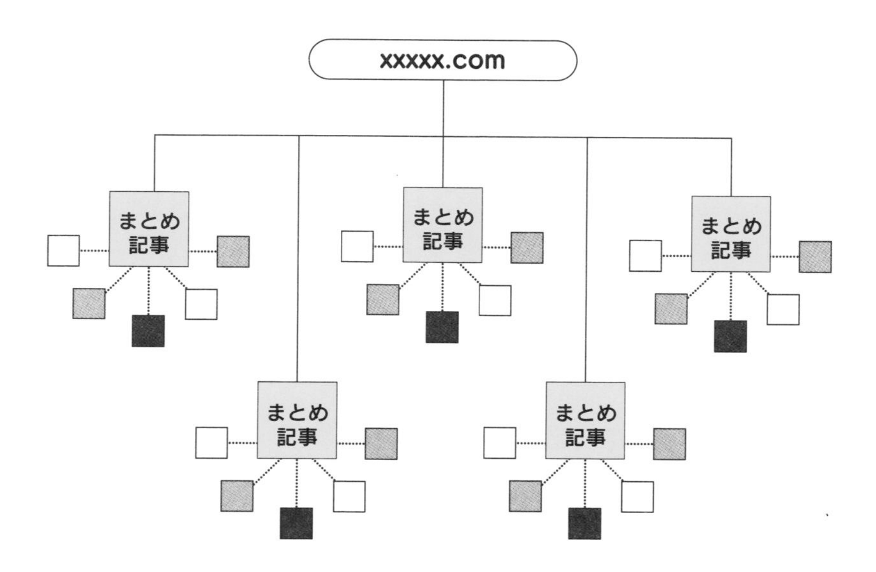

1記事で読者の悩みを解決するのではなく、記事群で読者の悩みを網羅的に解決することを目指します。

例えば、ダイエット専門サイトで「短期間で痩せる方法」という記事を書いたとします。「短期間で痩せる方法」は本も出版されるような大きなテーマです。

このテーマを1記事だけで解説するのは無理があります。ダイエット方法、食事、運動、体重管理アプリなど、書くべき内容は多岐に渡ります。それぞれの内容を丁寧に書けば、1記事が何万文字にもなってしまいます。
　そこで「短期間で痩せる方法」を書いたまとめ記事では要点だけを書きます。食事や運動などの詳細内容は、詳細記事として別の記事に書きます。
　まとめ記事と詳細記事は内部リンクでつなぎます。これで一つの記事群が完成します。
「短期間で痩せる方法」というまとめ記事を起点に、ダイエット方法、食事、運動、体重管理アプリなどの詳細記事が内部リンクでつながります。
　そうすることで「短期間で痩せる方法」の要点を読者は理解しやすく、さらに詳細を知りたい読者は内部リンクをたどることで各詳細記事を読むことができます。
　まとめ記事を作る際の注意点は、まとめ記事自体にもきちんと価値のある内容を書くことです。まとめ記事にはほとんど内容がなく、詳細記事へのリンクだけを並べてしまう人も多いです。まとめ記事は目次記事ではないため、まとめ記事だけで読者が内容を理解できるように書くことが重要です。
　このまとめ記事を起点にした記事群をサイト内ではたくさん作っていきます。必要な記事群の数はブログテーマによって大きく変わります。アフィリエイト初心者のうちは、ブログテーマを絞ることで必要な記事群の数が少なくなりサイト作りが簡単になります。
　解説した読者満足度の高いサイト作りは初心者にとっては難しいことです。しかし、先ほど解説したように、これからのSEOアフィリエイトでは本物の稼ぐ力が求められます。初心者の頃から読者満足度の高いサイト作りを意識しておいて損はありません。
　本コラムではページ数の都合上、読者満足度の高いサイト作りの概要だけを解説しました。
　もっと詳しく学びたいと思っていただけたら、ブログ「アフィリノオト」やYouTube「ウェブ職TV」を見てください。アフィリエイトに関する私の考えやノウハウなど、他では閲覧することができないコンテンツを公開しています。

アフィリエイトのその先

アフィリエイトで稼ぐためには、多くの人が思っている以上にオールラウンドな力が求められます。アフィリエイトの主な作業としてWEBマーケティング、サイト制作、WEBライティング、SEO対策などが挙げられます。

アフィリエイターなら普段から自分一人でやっている作業ですが、実はすごいことです。

一般的な会社の業務では各工程をプロがやります。WEBマーケティングはWEBマーケター、WEBライティングはWEBライターが担当します。

「サイト制作は得意だけど、ライティングは全くできない…」

プロの中にもそんな人がたくさんいます。会社ではプロが集まって仕事をするから、一人で全部の作業ができる必要はありません。

しかし、アフィリエイターはほぼ全ての作業を一人でこなしてお金を稼いでいます。アフィリエイターは知らず知らずにすごいビジネススキルを身に付けています。

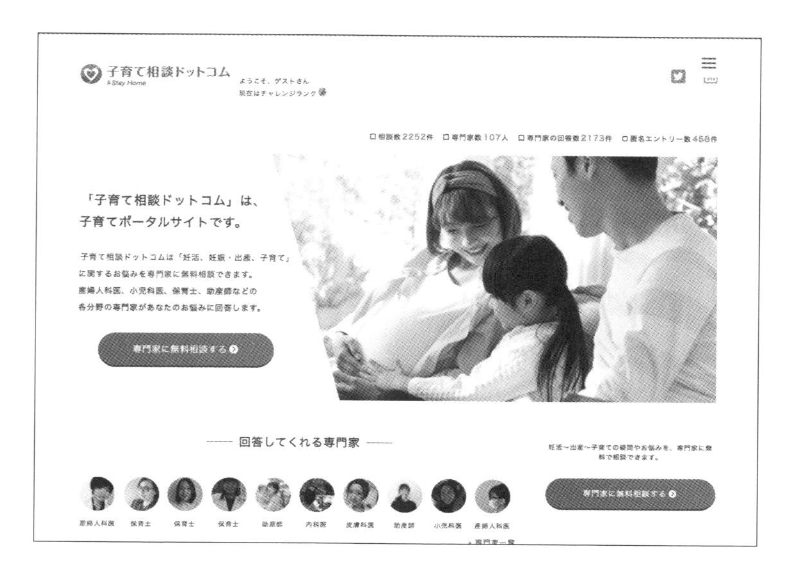

それらはアフィリエイト以外でも十分お金を稼ぐことができる価値のあるスキルです。例えば、ライティングが得意ならライターとして記事執筆の仕事を受注できます。

私はアフィリエイトで身に付けたスキルでWEBサービス「子育て相談ドットコム」をやったり、コワーキングスペース「ABCスペース」を経営しています。今はアフィリエイト以外の収入だけでも十分暮らしていくことができるようになりました。

アフィリエイトで手に入るものはお金だけではありません。アフィリエイトをやることで、アフィリエイト以外のお金を稼ぐ方法が無数に手に入ります。だからこそアフィリエイトで稼ぐことは、初心者の想像以上に難しく大変なことともいえます。

アフィリエイトには労力と時間をかけるだけの価値があります。アフィリエイトなどで自分でお金を稼ぐ力を手に入れることは、長い人生において大きな財産になります。

「こんなに頑張っているのに全く稼げない……」というのを、初心者なら全員が経験するはずです。私も例外ではありません。15年間で挫折した回数は一度や二度ではありません。

それでもなんとか挫折を乗り越えたからこそ今の私が存在します。

「もう無理かもしれない……」そんなことが頭をよぎっても、なんとか踏ん張ってアフィリエイトに取り組んでもらいたいです。

いつかどこかでお会いしたときに「あのとき諦めなくて本当によかった！」そんなお話が笑いながらできることを楽しみにしています。

コラムを最後まで読んでいただき、ありがとうございました。

〈 リンクまとめ 〉

- Twitter：https://twitter.com/ds_nakajima
- アフィリノオト：https://affi-note.com/
- YouTube：https://www.youtube.com/channel/UClNZUVnSFRKKUfJYarEUqdA
- 子育て相談ドットコム：https://kosodate-qa.com/
- ABCスペース：https://abc-space.jp/

【YouTube】

SECTION 4-3

〈ブログ編〉自分だけのメディアを育てよう！

ブログは発想次第で多種多様な使い道ができ、サイトアフィリエイトとは似て非なるものです。ブログはどのように運営していくものなのか解説します。

ブログとサイトアフィリエイトは似て非なるもの

ブログはサイトアフィリエイトとは似て非なるものです。

キーワードとコンテンツにとことん向き合うのがサイトアフィリエイトなら、ブログは「**個人を発信するためのメディア**」とでも言いましょうか……。

もちろん使い道は１つに固定されたものではなく、多種多様です。

趣味の日記としてブログを書いている人もいれば、ブランディングツールの１つとして使っている人もいます。

まずはブログを始める前に決めることを見ていきましょう。

ブログを始める前に決めること

ブログを始めるのであれば事前に方向性を決めておかなくてはいけません。

- **目的**
- **運営スタイル**
- **運営媒体**

この辺りのことを細かく切り分けていきましょう。

ブログを書く目的は？

ブロガーブームから始まりブログを通してお金を稼ぐ方が増えていますが、何も目的はそれだけでなくても良いと思います。

- **お店の情報発信**
- **コミュニケーションツールとして**
- **日記代わりに**

副産物的にそれらの情報発信が功を奏してビジネスにつながることも多いのがブログです。

マネタイズの方法も商品を紹介するアフィリエイト以外にもたくさんあります。

- **実業の集客につながったり……**
- **人気を獲得して企業からお仕事の依頼があったり……**
- **自分だけのサービスを作って知ってもらうことができたり……**

目的は１つでなくても構いませんが、方向性が定まっていないとよくわからないブログになってしまうので事前に明確化しておきましょう。

運営スタイルの決定

ブログ運営には２つのスタイルがあります。**匿名のキャラクターでやるのか、顔出しでやるのか**です。

双方ともにメリットデメリットが存在します。それもそのブログの目的次第といったところです。

【匿名ブログのメリット】

- **身バレしないので副業でも大丈夫**
- **シャイな人でも情報発信しやすい**

【顔出しブログのメリット】

- **信頼や親しみを持ってもらえる**
- **発信内容に信憑性を持たせることができる**

運営スタイルは、ご自身の環境によってどちらを選んでも良いと思います。

実業の集客のために使いたいのであれば、より信頼性を確保できる顔出しでいった方がもちろん良いですし、副業でこっそりやりたいのであればキャラクターなどを作って匿名で運営しても良いでしょう。

運営メディアの選び方

更新型であるブログ運営にはいくつか適したメディアがあります。

- **WordPress**
- **無料ブログ**
- **noteなどのプラットフォーム**

媒体名	集客	デザイン	料金	所有権
WordPress	SEOに強いとされる	デザイン性はかなり高い	有料	自己所有
無料ブログ	SEOに弱い	デザイン性はあまりない	無料	ブログサービス運営会社所有
note	SEOに強いとされる	デザイン性はほぼない	無料	プラットフォーム運営会社所有

それぞれの運営メディアの特徴は、上図のようになります。

ブログは長く育てていくものですから、圧倒的に自己所有であるWordPressをおすすめします。

WordPressとは

WordPressとは難しいコードを書かなくても、簡単にブログを更新できるソフトのことです。また、デザインを自由にカスタマイズすることができるので、プロのようなメディアを難しい知識なしで作ることができます。

無料ブログやnoteなどのプラットフォームに依存した運営は、先方の事情であっさりコンテンツを消されることがよくあります。

また無料ブログは、SEO集客の力が弱く、SNSなどである程度知名度のある人でない限り集客に苦労します。

noteに関してはSEOには強いものの、デザイン性がなく、こちらも所有権はサービスの運営会社が持つものであるため、大切に育てるのには向いていません。

WordPressで始める場合は、ペラサイトのときと同じように、ブログの住所にあたるドメインを取得し、それをサーバーへ設置します。

先ほど紹介した**ヘテムルサーバーであれば「WordPress簡単インストール」という機能があるので、すぐにWordPressが使えるようになります**。

ブログ作成ステップ❶ ブログタイトルをつけよう

WordPressが立ち上がったらブログにタイトルをつけましょう。これから長い間使うタイトルですから、真剣に考えていきたいところです。押さえるべきポイントを意識しつつタイトルを考えてみましょう。

タイトルはインパクトがありつつ短めが◎

ブログのタイトルは**とにかく覚えてもらいやすいもの**にしましょう！　**ぱっと見ただけでブログのテーマがイメージできるような短めのもの**が良いと思います。

私のブログでは「KYOKO BLOG」という端的なタイトルにしています。私はYouTubeでは眼鏡をかけて、黒板の前でがっつり講義をするというスタイルをとっており、ブログに来てくれた方はすでに私へのイメージ（ブランディング）ができている方が多いと思っています。

もしまだブランディングができていなかったり、ユーザーへの認知ができていないようであればブログタイトルを見ただけでパッとイメージができるようなタイトル付けをおすすめします。

サイトアフィリエイトであれば目標キーワードを含めた長いタイトルもあり得るのですが、ブログのタイトルはその限りではありません。なぜなのか……それはそもそもの運営目的の違いにあります。

ブログはあくまでも**個を表現するメディア**で、独自の色を出すことによって、覚えてもらうことが究極の目的です。ですから、独特で短いタイトルの方がいいのです。

- **〇〇の神様**
- **〇〇Labo**
- **〇〇ブログ**
- **〇〇部**

このような「内容」より「人」を総称するようなタイトルにすることはSEO的にもメリットがあります。

そのブログ名で検索されることを「**指名検索**」というのですが、この形式で来たアクセスの価値は非常に高いものとなります。

たまたま検索結果にあったサイトではなく、わざわざ探しにきたわけですから、ブログ内でのユーザー行動も優れたものになりがちです。

そこをGoogleは評価するわけですからSEO的にも有利に働くというわけです。

ブログ作成ステップ❷ 記事を更新してブログを育てよう！

タイトルが決まったら早速記事を書いてみましょう。

「どこからアクセスを集めるのか？」その集客スタイルによっても変わってきますが、**Googleの変動が多いとはいえ、やはり検索結果からの集客（SEO集客）は大きい**ものです。

それであれば本書の第1章の「アフィリエイトにはたくさんの種類がある」でお話したように、雑記ブログである必要はなく、ひとつのテーマに統一した**特化ブログがおすすめ**です。その方がSEO的な評価も得られますからね。

ジャンルに沿ったキーワードで記事を書く

特化ブログを運営するのであれば、そのジャンルテーマに沿ったキーワードで記事を書いていく必要があります。

例えばアフィリエイトに関する情報発信をするブログであれば「アフィリエイト＋〇〇」というキーワードで記事を更新していくようにしましょう。

アフィリエイトのブログなのに「海外旅行＋〇〇」とか「筋トレ＋〇〇」のようなキーワードで記事を書いてしまうと、テーマがブレてしまいます。

あくまでも**テーマに沿った内容（キーワード）で記事を足していくのが特化ブログ**ですから、取り扱う内容がブレないように気をつけてください。

記事作成のポイント

- **テーマに沿ったキーワードで記事を書く**
- **記事タイトルにはキーワードを含める**
- **見出しには程よくキーワードを含める**

このような点に注意して、本書の第３章「SEOライティングの基礎基本」でお話した要領で、記事を書いていきます。

どれぐらい更新すればいいのか

サイトアフィリエイトと違って、基本的に**ブログには「完成」がありません。**

サイトアフィリエイトは１つのテーマで完結する専門書のようなものですが、ブログは毎月発行される雑誌のようなものです。ブログは個人の情報発信媒体として利用される媒体なので「何記事書いたら出来上がり！」ということがないのです。

そして、読まれるブログにするためには、Google視点にしても読者視点にしても、ある程度の更新頻度は保たなければいけません。

- **Google ➡ よく記事が更新されていればアクティブな媒体だと判断する**
- **ユーザー ➡ 新しい情報がよく更新されるブログだと定期的に見に来る**

このように記事の更新頻度を適切に保つことで、Googleからもユーザーからも好かれるブログになります。

そうなってくると結果的に、SEOでも上位表示する可能性が高くなりますし、読者の愛着が沸けば検索結果にとらわれず「指名検索」してもらうこともできます。

ブログ作成ステップ❸ ユーザーの使いやすいブログに整える

たくさんの記事がある媒体では、それぞれが乱雑に並んでいると、ユーザビリティ……つまり使い勝手が非常に悪くなります。

たくさんの記事を綺麗に整理しておくことで、ユーザーにとっても見やすく使いやすいブログとなり、Googleにとっても階層構造の理解しやすい媒体は評価が高くなります。

カテゴリーの設定

たくさんの記事を整理する一番簡単な方法として**カテゴリー設定**があります。

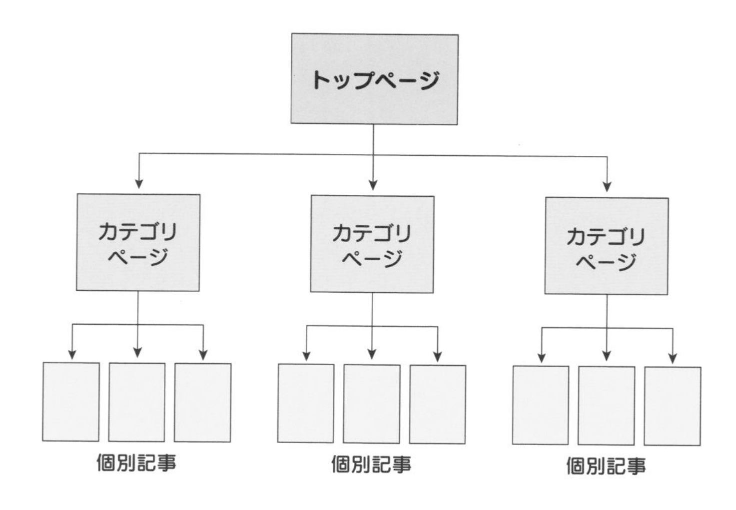

ブログなどの複数コンテンツで成り立つメディアでは、このように**ツリー型のサイト構造**がわかりやすくておすすめです。

「同じようなグループに属するな」と思うような記事が複数ある場合は、カテゴリーを設定してまとめることで、トップページに来た読者でもすぐに目的の記事を探し出すことができます。

内部リンクで導線を整える

同一のテーマで作成された複数の記事は、もちろんそれぞれも関連しあっているはずです。そんなときに使うべきなのが「**内部リンク**」です。

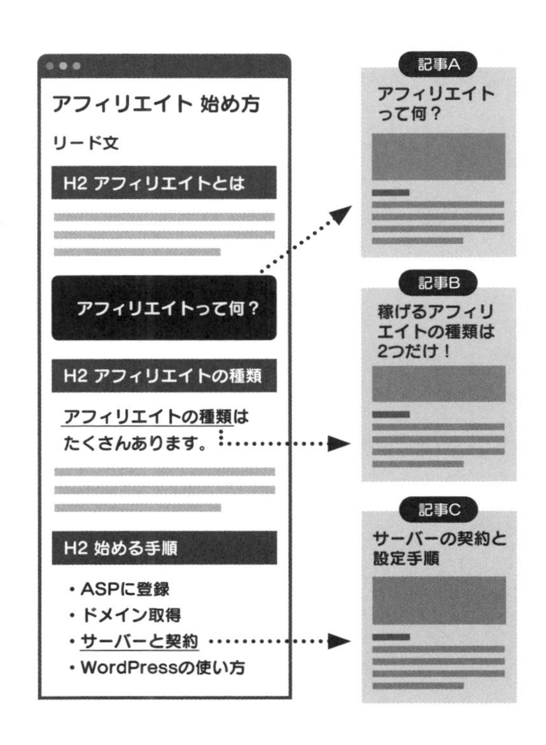

例えば上図のように、記事の途中でも、もっと詳しく書いたほかの記事に推移して欲しい場合があると思います。

そのような場合に**リンクで繋いであげることで詳細ページに誘導する**のが内部リンクの役割です。この内部リンクを使うことで関連しあった記事間の移動をスムーズに行うことができ、ユーザーが知りたい情報を過不足なく見つけることができます。

紙面の都合上、書ききれなかったブログ作成の詳しいノウハウを動画で解説しています！（206ページ参照）

SNSを使ってブログの認知拡大を図ろう！

ブログの集客方法はSEOだけに頼ったものではありません。

個人の運営方針によって比率は変わりますが**「SEO×SNS」が、ブログのオーソドックスな集客スタイル**になります。

SNSを使うメリット

「ブログも書いてSNSもやって大変すぎない？」こう思う方もいるかもしれませんが、SNSを使うことは、それにも勝る大きなメリットがあります。

- **Googleのアルゴリズムに振り回されない**
- **ブログ記事をたくさんの人に見てもらえる**
- **読者とコミュニケーションが取れる**
- **コンテンツの需要を知れる**
- **SEOにも好影響**

1つ1つ見ていきましょう。

Googleのアルゴリズムに振り回されない

集客ルートは検索結果（SEO）からとSNSが大きなものだと前述しましたが、SEOの部分はどうしてもGoogleのアルゴリズムに左右されがちです。

渾身の力で作ったサイトで上位表示しても、Googleのルール変更でたちまち圏外に飛ばされてしまうこともしばしば。

ですが**SNSからのアクセス流入は、Googleのアルゴリズムとは一切関係ありません**。

検索結果で上位表示しなくてもSNSを使えば作ったコンテンツを見てもらうことができるのです。

● ブログ記事をたくさんの人に見てもらえる

SNSでファン（フォロワー）を持っている状態であれば、ブログ記事の更新をお知らせするだけでたくさんの人が見に来てくれます。

● 読者とコミュニケーションが取れる

基本的にはブログなどのメディアは一方的に発信するものになりますが、SNSはコミュニケーションツールです。

ブログとSNSを連動させることによってブログの読者さんとコミュニケーションを取ることもできます。

● コンテンツの需要を知れる

Twitterなどの SNSを使って、コンテンツの需要を知ることもできます。

「どんな記事を書こうかな……」こんなふうに迷ったとき、SNSで反応の高かったものをコンテンツ化することもできますよね。

● SEOにも好影響

SNSにブログ記事のURLを投稿して、いいねやリツイートで拡散されれば**間接的にSEO効果もある**といわれています。

厳密にいうとSNS内でのリンクには「nofollow属性」が設定されており、直接的なSEO効果はありません。

ですが、**SNS内で拡散されればそれだけ認知度も高くなり、ブログ記事が参照される確率も高くなります**。

nofollowとは

このリンクはサイトの所有者がリンク先を推奨する意味で提示しているものではないことを指す。主にスパム対策で導入されたもの。

また昨今のSEOではメディア運営者の権威性が重要視されており、ブログに紐づいている運営者のSNSでのエンゲージメントも権威性の判断材料にされているといわれています。

自分のブログと相性のいいSNSとは

SNSはどんなSNSを使っても良いというわけではありません。ブログと相性の良いSNSを選ぶことが大切です。

例えば、ファッションに関するブログを運営しているのであればInstagramの親和性が高いですし「DIY」など、言葉では伝えにくい情報を発信しているブログであればYouTubeが良いでしょう。どんなブログにも汎用性があるのはTwitterです。

それぞれのSNSの特徴

- **Twitter ➡ テキストベースのライトな発信媒体 ➡ どんなブログにも相性がいい**
- **Instagram ➡ 画像を通した情報発信 ➡ デザインなど視覚に訴える方がダイレクトに伝わるテーマのブログ**
- **YouTube ➡ 動画を通した情報発信 ➡ 何かのやり方などハウツー系のブログ**

SNSとブログを掛け合わせることで、ブログにはコンテンツをストックしつつ、SNSではタイムリーに情報を発信できます。

また親和性の高いSNSを使うことによって、属性マッチ度が高いユーザーとコミュニケーションが取れるので新規読者を獲得しやすいのも魅力です。

SNSから始めてみるのも良い戦略

ブログというのは1つの媒体を長い時間かけて育てていくものです。

一生懸命育てて「なかなか伸びなかった」となってもなかなか諦めがつきませんよね。

ですがSNSは違います。

自分の興味のあることを発信&コミュニケーションし**「自分が権威になれる分野」を模索できる最強のツール**です。

通常全くの無名の人がブログを立ち上げても、マネタイズはおろかアクセスすらないのが普通です。

ですが既にSNSで1万人のフォロワーがいたらどうでしょう？

「ブログを作りました。見に来てください！」といえば、見に来てくれると思いませんか？

順序の問題にはなりますが、ブログを立ち上げる前にSNSから始めてみるのも権威性が重要視されるこれからはいい戦略だと感じています。

ブログとSNSの掛け合わせは、もはやブログ運営ではかかせない手法です。効果的な掛け合わせでリスクヘッジをしていきましょう。

最近ではブログとSNSで情報発信をし生計を立てている方も増えてきました。何かに縛られず生き方を選べる素晴らしい時代だなと思います。

おさらい

ブログ運営の重要なポイント

- ブログを始めるときは、事前に方向性や目的を明確化しよう
- ブログはWordPressを使用して大切に育てる
- 積極的にSNSを利用して認知拡大をしよう

COLUMN

GUEST Ryotaさん

私が学長をしている「副業の学校」の講師をしているRyotaさんにコラムを執筆していただきました！

自己紹介

ブログ、メディア運営・作曲家・複数のアドバイザー業などの仕事を抱えるパラレルキャリアです。

10年ほど会社員と並行してブログを執筆。33歳で独立し、現在はブログと発信の知識を活かして夢だった心理系のアドバイザーとして活躍しています。

当コラムを執筆時点で個人のインスタグラム総フォロワー数は合計5.5万人。

YouTubeチャンネル登録者数は約４万人。

『相談をもっと身近に』を掲げ、複数のジャンルで日々情報を発信しています。

メインの心理系ブログは月30万PVほど。

サブとして月10万PV・月５万PVほどのブログを複数持っており、月100万円ほどの報酬となっています。

※SNS・個人サービスの報酬を除く

ブログを書いていて救われた話

高校生の頃からブログを書いていました。

当時は完全に趣味として執筆しており、ブログを何かに使うという発想がなかったんですね。そんな時、長くお付き合いしていた方と婚約破棄。人生が真っ暗になりました。

自分のつらい気持ちを赤裸々にブログで書いていたところ、私のブログを見ていた方が２人も私を励ますため会いに来てくれたんです。

その時に「ブログで助けられたのなら、逆にブログで人を助けることもできるのではないだろうか」と感じました。

もしブログがなければ私の人生はどういう方向に進んだかわかりません。

今ではこのお2人と家族ぐるみで仲のいい関係になっています。

このようにブログは収益化できるだけでなく、たくさんのメリットがあるんですね。

- **人との出会いにつながる**
- **心の整理整頓になる**
- **ブログを通じて自分1人じゃないことを実感できる**

ぜひ、趣味の1つとして気軽にブログを書いて欲しいなと思います。

ブログで成果が出るまでの期間、挑戦したことについて

25歳でブログを収益化。

最初の2年はほぼ収益ゼロでした。1日5～7円の日々が続き、まとまった収益になるとは思ってもいなかったんですね。

趣味としてブログを書く一方で月1～2万のお小遣いになればいいなと考えていました。

当時は個人ブログの全盛期。クオリティが低くても量を書けば伸びる時代だったんですね。

いつか人に見てもらえることを信じて毎日コツコツと書き続けました。

- **予定のない休日は1日8時間作業3～5本執筆**
- **平日は仕事終了後に2本執筆**
- **残業のある日は1本執筆**

この生活を3年間続けた時に月1万円稼げるようになったんです。徐々に読み手が増えてきて1日300PVを超えるようになりました。

その後、月６万・月10万と伸びるようになり、新しく立ち上げた動物関係のブログがヒット。１日5,000PVを超え収益もするすると伸びていきました。

しかし、Googleの度重なるアップデートに疲労。『自分に価値をつける』という方針でブログの運営を切り替えました。その結果が現在の仕事にもつながっています。

ブログを利用したあなたの価値を高める方法について

ブログは発信の中心となる媒体です。

今はインスタグラム・YouTubeなど、個人が発信できるプラットフォームが増えました。このすべてをつなげる役割・着地点がブログです。

ブログとSNSを組み合わせることで、オフラインでは考えられないほどたくさんの人に情報を届けられます。

もちろん最初はほとんど見てもらえません。

それでも、１年・２年と発信を続けていくことであなたのことを知ってもらえます。あなたの情報に救われた人も出てくるでしょう。この積み重ねであなたの価値が上がっていき、仕事にもつなげることができます。

１度ついた価値は長く残ります。

- **あなたの発信だから見てくれる**
- **あなたのことを知ろうとしてくれる**
- **あなたのブログを読むことが習慣になる**

こうなればあなたもユーザーも幸せな関係ですよね。ブログを中心とした発信力をどう使うかはあなた次第。

- **芸能人みたいになりたかった**
- **特定の情報を社会に認知させたい**
- **47都道府県どこにいっても仲のいい友人を作りたい**

こんな夢もかなえられる可能性があります。

● ブログ運営でつらかったこと、失敗したこと

Googleアップデートによりブログが読まれなくなることがつらかったです。

SEOのみで人が集まっている場合、翌日にアクセス数が10分の1になる可能性があります。

月30万PVあったブログが月1万PVまで落ちた時はさすがにショックでした。

人は得をするより損が怖いんです。自分自身が否定されたような喪失感で数日は唖然としていましたね。

新しいブログを立ち上げては落とされ…その繰り返しで心は不安になります。

「このまま同じことを繰り返して歳を取っていくのか。」

という疑問も持ちました。

それから、思い切ってブログを中心に自分の夢に向かって行動することにしたんですね。

およそ1年ほどでブログとSNSが育ち、公共施設での講演や対談の話も舞い込むようになっています。

現在､全ブログのアクセス数7割がSNSと指名検索によるもの。Googleアップデートからの不安もなくなりました。

今までやっていたことを手放すのは悩みます。

作業量にも限界があるため、使うSNS・使わないSNSも決めて無理なく運用できるものを選びました。

どのようにしてブログを知ってもらうか。

ここに注目して、新しいことにチャレンジすること・オフラインでも活動することも検討しましょう。

● これからブログを書いていくなら

ブログを通じての社会貢献を考えましょう。

ブログは『アーティスト活動』に似ています。職人的作業が求められるサイトアフィリエイトとは方向性が違うんですね。

あなたの切り口で、誰かの役に立つことを継続的に発信しなければなりません。

そのためには人生の軸となる考えを持つこと。ブログを通じて誰を助けたいか明確にすることです。

スマートフォンとSNSが普及して人と比較するのが容易になりました。比較の中で落ち込み、自分に自信がなくなり、動けなくなる方も増えています。

そんな方々にブログを通じて伝えられることはありませんか？

- **新しい悩みに対する考え方**
- **人を勇気づける内容**
- **まだ情報のない分野の発信**

こんな内容を考えましょう。

例えばテレワークが普及した時に『オンとオフの切り替えができなくなった』という悩みが増えました。

これが新しい悩みです。

ブログを通じて社会貢献できれば、あなたに人はついてきます。

あなたの知識を誰かに届ける道具としてブログを使いましょう。

アフィリエイト・ブログの改善

アフィリエイトは楽に稼げる魔法の裏技ではありません。
じっくりと仕組みを構築することで
爆発的に稼げるようになる仕組み構築型のビジネスです。
だからこそ、すんなりうまくいくなんてことはまずありえません。
私も何度もつまずき、挫折しそうになっては立ち直ってここまできました。
第５章では「継続することが最大の難関」といわれるアフィリエイトに
訪れるであろうスランプの乗り越え方についてお話していきます。

SECTION

5-1 稼ぎにばかり着目しない

労働型思考でアフィリエイトをしても続かずに挫折します。仕組み構築型のビジネスであるという認識で取り組みましょう。どのような意識を持つべきかお話しますね。

アフィリエイトを失敗する原因

まず大前提として、**アフィリエイトは労働型のビジネスではありません。**1時間働いて確実に800円貰えるアルバイトとは違います。ですが悲しいかな……アフィリエイトに参入するほとんどの人がこの「確実性」を求めて参入してきます。私の経験則から申し上げると、逆説的に聞こえるかもしれませんが、これが一番の失敗の原因です。

楽しむことが大事

ほとんどの人は稼ぎたいからアフィリエイトを始めるとは思いますが、**稼ぎに対する強い執着は成功の鍵である継続を困難にします**。

比較的早い段階で報酬が出るペラサイトでも「これをやれば確実に1ヶ月で稼げる」とか「1年以内に絶対月収10万円以上は稼げる」なんてことはいえないのです。

初心者によくありがちなのが、5分おきにASPの管理画面を眺めてはため息をついてがっかりし「きっとそろそろ報酬が発生しているんじゃ……」「あーーーーーーーー……ダメか……」こんなことを繰り返してしまう。

こんなネガティブな気持ちを毎日味わいながら継続することがどれほど苦痛なのか、想像に容易いでしょう。「**稼ぎたいなら稼ぎたい気持ちを忘れろ**」成功したい方にはこの言葉を贈ります。

それは「お金にならない下積みの時期を、いかにモチベーションをコントロールしながら継続できるか」が大事だからです。

- **専門用語が１つわかるようになった**
- **サイト作成の技術を１つ覚えた**
- **キーワード選定のコツが理解できた**
- **報酬は出てないけどサイトが上位表示した**

たくさんの受講生を見てきましたが、こういった小さなことに喜びを見いだすことができる方は、結果的に自己改善しながら継続し大きく稼いでいる人が多いです。

「好きこそものの上手なれ」ですから、**まずは楽しんでアフィリエイトを好きになれるように工夫してみましょう**。

「できるようになったこと」に目を向けることが大切です。すなわち過去の自分と比較して、些細な成長に目を向けようということです。

おさらい

アフィリエイトを継続するために必要なこと

- アフィリエイトは労働型ビジネスではなく仕組み構築型ビジネスという認識を持ち、確実性は求めない
- 稼ぎに対する強い執着は継続を困難にし、結果的に成功から遠のいてしまう
- 報酬ではなく「できるようになったこと」に着目して楽しむことが大事

価値の提供の先に収益は付いてくる

お金を稼ぐということの本質は、価値の提供です。アフィリエイトは、検索してきたユーザーに対して価値を提供し、その結果として収益が得られるビジネスです。

まずは「価値の提供」が大切

アフィリエイトに限らず、お金を稼ぐこととは価値の提供の対価です。先ほどの「稼ぎばかりに着目しない」でも前述したように、**自分の稼ぎのためだけに作ったコンテンツは独りよがりになりがち**です。

結果的にそれでは何の価値も生み出さず対価を得ることはできません。ではアフィリエイトにおける価値とは何か……？　ちょっと深掘ってみましょう。

アフィリエイトの価値とは

人はなぜ検索するのか？　なぜサイトを見るのか？　その答えは**「答えが知りたいから」**です。

「腰痛　原因」と検索窓に打って調べたのなら、腰痛になってしまう原因を知りたいのでしょう。

「カレーライス　作り方」と検索する人は、カレーライスの作り方が知りたいのでしょう。この「**ユーザーの知りたいことに対して的確に答えを返す**」という行為は、**価値の提供**にあたります。

手法別の価値の概念の違い

ここで**手法別に若干、価値の概念の違いがある**ことも補足しておきます。一概にこれが絶対というわけではありませんが、傾向を次の図にまとめました。

サイトアフィリエイト

キーワードに対して適切に答えを返すことが仕事

集客ルートは？	→	SEOが主
SEOで上位表示するためには？	→	キーワードに対する検索意図を包括的にまとめたコンテンツが必要
それってどんなコンテンツ？	→	知見のある人が適切な情報をまとめて情報提供すること

ブログアフィリエイト

個人の体験や考えを発信するのが仕事

集客ルートは？	→	SEOだけでなくSNSからも集客する
だから……	→	SEO対策ガチガチのコンテンツでなくても良い
それに……	→	読者はあなたのファンなので実体験に基づく一次情報が知りたい
どんなコンテンツが必要？	→	レビューコンテンツなどによる読者の追体験

ここにプラスしてどちらも「個人の見解」を入れることで、さらに価値は高まると思います。

良い情報だけでなく、デメリットも正直に開示することでコンテンツの信憑性も高まり、逆にアフィリエイト商品が売れていきます。

ユーザー目線のコンテンツづくり

そしてどんなコンテンツでも自分よがりにならず、**必要なときにアフィリエイトリンクを添えておくくらいで丁度いい**です。

不思議と売りたい気持ちが強く現れたコンテンツから物は売れません。

その商品を買いたい人が検索するキーワードにアフィリエイトリンクを置かないのは逆に不親切ですが、そうではないキーワードのコンテンツに広告リンクを置くのはどう考えてもエゴです。

例えば「腰痛　原因」というキーワードでコンテンツを作ったときに、腰痛ベルトのアフィリエイトリンクを置くなんていうのは強引すぎますよね？

検索ユーザーが知りたいのは「どうして腰痛になってしまうのか？」それだけなのに、無理やり売りつけてる感があります。

「もし自分が検索ユーザーの立場だったら……？」この辺りのことを考えながらコンテンツを作ることで、アフィリエイトの価値を高めることができます。

何かしらの疑問や悩みを解決するために、ユーザーは検索をしています。結果として解決策がサービスや商品であったりするということですね。

おさらい

アフィリエイトにおける「価値」を提供して
「収益」を得ることを理解しよう

- 価値を提供することで対価としての報酬を得ているということを肝に銘じる
- アフィリエイトの価値は「疑問に対する答え」
- 手法別の価値の概念を理解してユーザー目線のコンテンツづくりを意識しよう

アクセスが全くない……

「サイトを作ればアクセスがあって……」そんなふうに思ってしまう方もいますが、実は人がサイトに訪れてくれるようになるまでには流れがあります。

最初はアクセスがないのは当然

「頑張ってサイトを作っても全くアクセスがない……」アフィリエイトを始めたばかりの頃、必ず直面する問題です。壁に向かって話しかけているような、そんな虚しさがありますよね。ただ、**作ったばかりのサイトにアクセスがないのは当然**のことなので、あまり心配する必要はありません。

インデックスされるまではアクセスがないのは普通

サイトを作ってアップロードしてもすぐにアクセスがないのは、あなたのサイトが**インデックスされていないから**です。

インデックスとは

- インデックスとは、簡単にいうと「Googleがページの存在を認識しデータベースに登録すること」です
- インデックスされていない状態のサイトは、事実上存在はしていても、Googleには認識されていないため検索結果には反映されません
- サイトがインデックスされる仕組みは、Googleのクローラーがリンクをたどり情報を取得し、インデックス化するという流れです

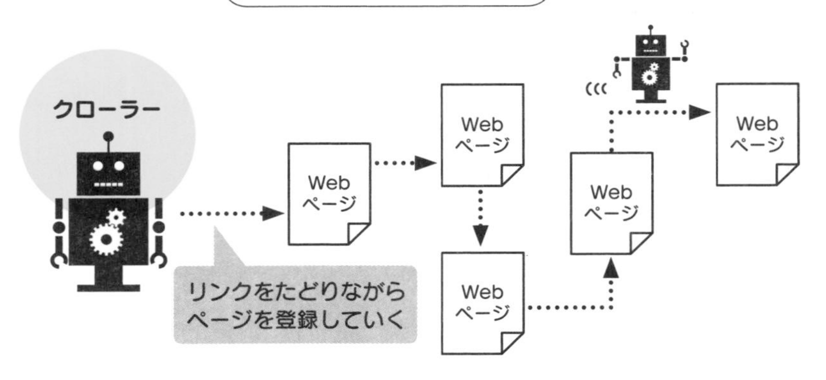

作ったばかりのサイトは他のリンクとのつながりがないので、Googleのクローラーがたどり着くためのルートを作らない限りインデックスはされません。作ったばかりのサイトのインデックスを促進させる一番簡単な方法は、**Ping送信**です。Ping送信することで更新情報がPingサーバーに送信され、インデックス促進の効果があります。

WordPressであれば、記事を作成し「公開」ボタンをクリックした時点で自動的にPing送信されます。

ペラサイトなどの小規模サイトをSIRIUSで作る場合は、別途設定をしてその都度Ping送信をします（※ping送信は促進させる効果であって確実なものではありません。ここでの解説は割愛しますが、Google Search Consoleを利用するのが良いでしょう。Google Search Consoleは無料で利用できます）。

インデックスの確認方法

自分のサイトがインデックスされているかどうかは、検索窓へ以下のように記述すると確認できます。

site:サイトURL

次の図は私のブログ（KYOKO BLOG）のインデックス状況です。インデックスされていればこのように対象の記事がずらりと並びます。

タイトルを見直そう

もし上位表示しているのにアクセスがなかったら、タイトルの見直しが必要かもしれません。

サイトタイトルや記事タイトルはコンテンツへの入り口になるわけなので、**魅力のないタイトルではそもそもクリックさえされません。**

例えば、検索結果の上位に以下の２つのタイトルがあったらどちらをクリックするでしょうか？

1. **アフィリエイトの始め方教えます**
2. **【再現性あり】月５万稼げるアフィリエイトの始め方３ステップ【初心者OK ！】**

おそらくほとんどの人が２番をクリックするはずです。

クリックされるタイトルの特徴

- 数字を使ったタイトル
- わかりやすく端的
- 疑問を残すタイトル

先ほどの例のように数字を使うと、具体性や簡便性が訴求できます。たくさんの検索結果をなんとなくスクロールするユーザーにクリックしてもらうためには、**パッと見でタイトルがわかりやすく端的でなくてはいけません**。

他にも、タイトルを見て中身が気になるように疑問を残す方法もあります。アクセスを集めるためにはサイトの顔であるタイトルに工夫が必要ですね。

検索ボリュームによってアクセス数は違う

アクセス数の多さは、**狙っているキーワードの検索ボリューム**によってもだいぶ違います。勘違いしている人が多いのですが「アクセスが集まる＝たくさん稼げる」は一概に正解とはいえません。

例えば「プロアクティブ　最安値」というキーワード。こちらの月間検索ボリュームは「40」ととても少ないものです。

キーワード概要: プロアクティブ　最安値

検索ボリューム	SEO難易度	有料難易度	クリック単価(CPC)
40	49	100	¥290.68

一方で「ニキビ　痛い」というキーワード。こちらの月間検索ボリュームは「4400」と先ほどのものよりも100倍のアクセス数が見込めます。

ですが、**圧倒的に売り上げが上がるキーワードは前者の方**です。前者のキーワードは、**すでに商品のことを知っており最安値で購入したいと思っている人が検索するものだから**です。

キーワード概要: ニキビ　痛い

検索ボリューム	SEO難易度	有料難易度	クリック単価(CPC)
4,400 中	22 易	8 易	¥141.56

後者のキーワードは、商品の購入を考えているのではなく、痛みを感じるニキビの対処法（「痛いニキビを潰していいのか？」など）が知りたくて検索するキーワードになっています。

ペラサイトで取り扱うキーワードは、前者に分類されるキーワードです。**こういったキーワードは、1アクセスでも成約が取れる**ことが魅力です。検索ボリュームの高い……つまりアクセスのたくさん集まるキーワードだけを取り扱っていても収益につながらないというのが現実です。

規模の大きなサイトやブログでGoogle AdSenseなどのクリック型広告を使って売上を立てているサイトであればアクセス数に拘るのは正解ですが、ASP案件をSEOアフィリエイトで行う場合は、アクセス数はあまり重要ではないのです。

何事も、知らないことには不安が大きくなりがちです。アクセスが来るまでの仕組みがわかると、必要以上に落ち込む必要がないことが理解できるようになりますね。

おさらい

アクセス数の誤解とアクセス数への認識

- 作ったばかりのサイトはインデックスされていないため、アクセスがないのは普通だと考え、がっかりしない！
- 上位表示されているのにアクセスがないなら、クリックされやすいタイトルかどうか見直そう
- 検索ボリュームによってアクセス数は変わり、さらに「アクセスが集まる＝たくさん稼げる」とは一概にはいえない

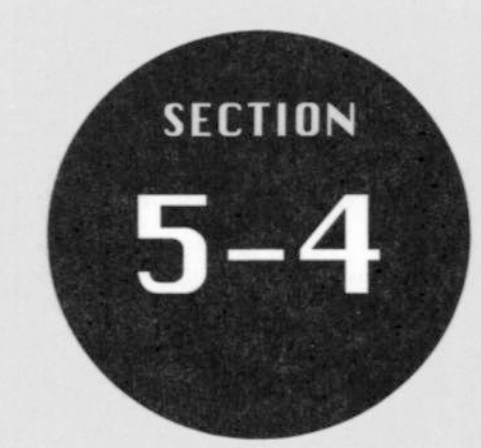

見られてるけど売れない場合の対処法

アクセスがあるのに売れないときは、何が良くないのでしょうか。お門違いの施策に走るのではなく、真の原因を知り、有効な対策をしていきましょう。

アクセスはあるのに売れない２つの原因

「アクセスはあるのに商品が売れない……」最初のうちはこんな状況に直面することもあるかもしれません。

売れない原因は２つ考えられます。

- **１つ目は、記事内の広告リンクがクリックされていないこと**
- **２つ目は、クリックはされており販売ページには飛んでいるものの売れないということ**

もう少し深掘りして対処法を解説していきます。

アフィリエイトリンクまでの適切な誘導

アフィリエイトリンクであろうが内部リンクであろうが「クリックしたくなるような場所」にあるリンクでなければ、クリックはされません。

記事を書いて無造作にアフィリエイトリンクを置いても、商品を購入してくれるわけではないのです。

アフィリエイトリンクの設置箇所

アフィリエイトで稼ぎたいと考えているのなら、広告の適切な設置場所を覚えておきましょう。

【クリックされる広告の設置箇所】

- **購買系・価格系キーワードなら記事冒頭**
- **ユーザーの知りたい答えが解決されたトピックの箇所**
- **販売店や価格等のクロージングトピックの箇所**

話の流れによっても変わってくると思いますが、記事内のどこにリンクを置くかによって、成約率は変わります。

「プロアクティブ　最安値」という買う気満々の購買系キーワードで検索する人には、記事の早い段階でアフィリエイトリンクを置いてあげることの方が親切です。

ですが「プロアクティブ　効果なし」というキーワードで検索する人にはそうではありません。

「効果がないかもしれない……買ってから損したくないし、ちゃんと確認してからにしよう」このように思っている人に、記事冒頭のアフィリエイトリンクをクリックするモチベーションはありません。

ユーザーの知りたい答えが解決されて安心したところにアフィリエイトリンクを置くべきです。また商標キーワード以外でも、販売店や価格系の情報を記載する箇所があります。

そのような箇所でもアフィリエイトリンクはクリックされやすいです。

キーワードに対する問題を解決できているのか

何度も述べて来ましたが、アフィリエイトでは**キーワードに対する問題を解決できるかどうか**が肝です。

- **メリットばかり書いてあり、売りたい気持ちが前面に出ている**
- **売りたい気持ちが先走ってしまいアフィリエイトリンクをたくさん置く**
- **その商品と関係ない場所に広告リンクを置いている**
- **売り込み感を全面に出したバナー広告が多数**

正直、こんな感じのサイトはユーザーから嫌われてしまいます。アクセスがあってもこれでは売れないのも当然です。

アニメ「スラムダンク」の１シーン……シュート練習をする桜木花道がいった言葉「左手は添えるだけ」。これをアフィリエイトでも意識しましょう。つまり「アフィリエイトリンクは添えるだけ」ということです。

アフィリエイトリンクは主張しすぎず、主軸の軌道（キーワードに対する答え）に合わせてそっと添えるだけで充分であり、売り込みが目的になってはいけません。

ここまではサイト内または記事内の広告リンクをクリックしてもらうための対処法になり、割と自分でどうにかなる部分です。

ここからは「クリックはされており販売ページには飛んでいるんだけど売れない」という場合の対処法について触れていきます。

取り扱い案件の人気を再確認しよう

正直なところ**クリック率**（**CTR**）は、自分で改善できますが、**成約率**（**CVR**）はコントロール不可です。

いくらアフィリエイトリンクがクリックされていようとも、飛び先の販売ページが恐ろしくチープだったり、そもそも商品が魅力的でない場合、商品は購入されません。

本書の第３章「売れる商材の見極め方」でも触れていますが人気の案件には共通点があります。

❶ 知名度があること
❷ 商品力が高いこと
❸ 独自性の強いもの
❹ 販売ページが見やすく綺麗なもの

特に❹は必須ですね。

もし**これら全てが揃っていれば「販売ページに誘導さえできれば売れる」といっても過言ではありません**。

もちろん全てが揃っていなくても、いくつか当てはまるだけでも十分です。

販売ページの良し悪しや商品の云々は広告主の問題なので、私たちがコントロールできない部分ではありますが、せっかくコンテンツを作るのであれば売れやすい商品を取り扱った方が良いに決まっています。

いくらアクセスがあってリンクがクリックされやすい所にあっても、販売ページが見づらかったり、案件自体の人気がないと売れません。

自分でコントロールのしようがない部分については、気にしないのではなく、自分なりの判断基準を設けて実践していくように心掛けましょう。

おさらい

アクセスがあるのに売れない場合に見直すべきポイント

- アフィリエイトリンクはクリックしたくなるような場所に設置できているのか？
- ユーザーの疑問に対して答えを提示し解決できているか？
- その案件自体に人気があるのか？

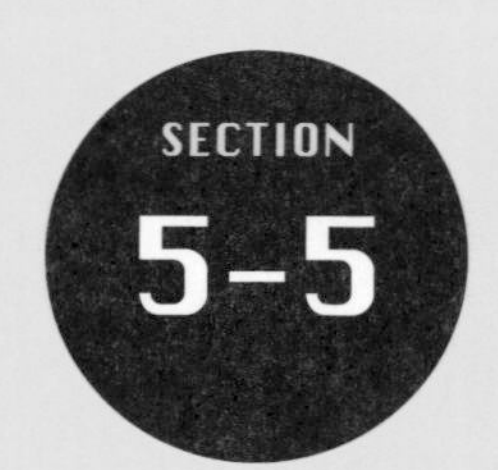

書くことがないときの対処法

その道の知識が豊富であっても高い確率で訪れる「書くことがない」という状況。そのようなとき、解決の糸口となる具体的な3つの方法を解説します。

書くことがないときの3つの対処法

どのような手法でやっていてもアフィリエイトをやっていれば「ネタがない」「書くことが思いつかない」といったスランプは必ずやって来ます。

ペラサイトであればそんなこともないと思いますが、ある程度の規模感を持ってくると、必ずぶち当たる壁です。

対処法はいくつかあり、それが以下です。

- 関連キーワードベースで考える
- ペルソナの立場になって考える
- 現実世界から探す

1つ1つ見ていきましょう。

関連キーワードベースで考える

基本的にサイトアフィリエイトであれば、事前に関連キーワードを洗い出し完成図を設計しますから「ネタがない」という概念がないかもしれません。

ですが更新型のブログはそうではありませんよね。

1人の人間の毎日に、そんなにたくさんの出来事があるわけもなく当然ネタ切れも起こします。

そんなときは関連キーワードから自分が書けそうなもので記事を書いていきましょう。

例えば子育てというテーマでブログを運営しているのであれば……

このように関連するキーワードは797個もあります。すごくざっくりいってしまえば、797個のネタがあるということになりますよね。

※もうちょっと難しいことをいうとグルーピングという技術が必要になりますがここでは割愛します。

- **子育ての給付金についての記事**
- **子育てに飽きてしまったときの対処法の記事**
- **子育てあるあるについての記事**

などなど、書けることはたくさんありそうです。

ペルソナの立場になって考える

自分のサイトやブログのターゲットユーザー……つまりペルソナの立場になって考えることでネタを見つけることができます。

例えば、先ほどの子育てというテーマのブログ……ペルソナを「3歳の男の子を育てる25歳のママ」だとしたら、こんなことを悩みそうですよね。

- **幼稚園どうしよう……**
- **そろそろ２人目を作らなきゃ**
- **独身の友達と話が合わなくなってきた**

どうでしょうか。これらの不安や悩みを解決してあげられるようなコンテンツを作ってあげれば良いのです。

もしどうしてもイメージできなければ「Yahoo! 知恵袋」や「教えてGoo」「OKWAVE」などのQ&Aサイトを見てみましょう。

- **教えてGoo　https://oshiete.goo.ne.jp/**
- **OKWAVE　https://okwave.jp/**
- **Yahoo! 知恵袋　https://chiebukuro.yahoo.co.jp/**

このように子育てに関する悩みがたくさん載っています。この中で自分が答えられそうなものをコンテンツとして取り入れるのも良いでしょう。

現実世界から探す

コンテンツ化できるネタは何もWEB上にしかないわけではありません。
むしろ現実世界の方がたくさんネタは転がっているものです。

- **本を読む**
- **友達に聞く**

自分が取り扱っているテーマに関する本を読むのも、たくさんの気づきを得ることができます。
例えば、雑誌の中は思いがけないキーワードで溢れているので「2人目育児」「ワーママ」「しつけ法」……このような子育てに関連する別のキーワードも見つけることができます。
このテーマに興味を持つ人はどんなことに悩んでいるのか？　該当する人が身近にいるのであれば、実際に聞いてみるのも手です。

- **「旦那の稼ぎが悪くって子供を育てていけるか心配なんだよね……」**
- **「私も働きに出ようと思っているんだけど保育園預けられるかな」**
- **「そもそも成人させるまでにいくらお金かかるんだろう」**

などなど。切実な悩みの声が聞けそうです。
1人が悩むことは、100人が悩むことですから、友達などに聞いてみるとリアルな悩みが拾えます。
そしてその友達の悩みを解決するつもりでコンテンツを作ってみてください。
きっとそれで救われる人が他にもいるはずです。

おさらい

「書くことがない」への具体的な対処法

- 関連キーワードからネタを探す
- ペルソナの立場になって考える。難しければQ&Aサイトで調べてみる
- 本を読んだり、友達に聞いてみるなど現実世界からネタを探す

KYOKOのおすすめYouTubeまとめ

WordPress編

【WordPress（ワードプレス）の使い方講座】
アフィリエイトサイトの作り方の基礎基本
https://youtu.be/ZP92a-b89YM

【WordPress（ワードプレス）の使い方】
新エディタのグーテンベルクの完全攻略法
https://youtu.be/w_gnK5X9j98

サイトアフィリエイト編

【アフィリエイトで稼ぐ根幹】
ペラサイトの作り方・概要を徹底解説
https://youtu.be/gI6uCSpWFQA

【月10万】サイトアフィリエイトに必要な記事数
【極論ペラサイトでも達成可能です】
https://youtu.be/NwBLFhrXO-s

ブログ編

【暴露】ブログで「月５万円」稼ぎたい人向けキーワード選定
【売れるワードは〇〇】
https://youtu.be/sJu-2zTGxvY

読まれるブログ記事の書き方
【絶対に意識するべき３つのポイント】
https://youtu.be/JwH0Aq7mZ-U

マインド編

【確実】成功するために捨てるべき８つのモノ
【欲しいなら捨てなさい】
https://youtu.be/MQxJD09tc0Q

【成功への道】継続力をつける確実な方法と３つの挫折ポイント
【人生が変わる】
https://youtu.be/PPmVc7EqTAQ

LINE@では、ご自身に合った副業の選定、個人で稼ぐ力を最大限に引き出すフレームワークについてお話しています！
LINE@に登録してKYOKOと一緒に学習を開始しましょう！

アフィリエイト・ブログで稼ぎ続けるためのコツ

アフィリエイトで単発的に稼ぐのは
実はそんなに難しいことではありません。
単月で「月収100万円稼いだ！」という人はたくさんいると思いますが、
何年も継続して稼ぎ続けている人は少ないように思います。
本書を読んでいる皆さんには、ぜひ単発的な稼ぎではなく、
長期的に稼ぎ続けてほしいと思います。
そのための押さえておくべきポイントをいくつか紹介したいと思います。

SECTION

6-1 Googleのアップデートとどう向き合うか

「アプデでサイトが圏外に」そんな声を聞いたことはありませんか？　ここではSEO集客をしているなら知っておきたいGoogleアップデートについて解説します。

Googleアップデートとの向き合い方

SEO集客のアフィリエイターにはGoogleのアップデート問題は切っても切り離せないことです。

現在は３ヶ月程度に１回、検索結果のシャッフルが行われます。

かつては、コツコツとコンテンツを積み上げ上位表示した暁には「ブログ（サイト）は資産」といわれていました。

ですが現在、SEOの世界に資産性はなく、どちらかというと水物です。

「じゃあ集客ルートをSEOにしなければいいんじゃない？」こんな声も聞こえてきそうですが、そんなに単純ではありません。

やはり検索結果からのアクセス流入数はかなり大きく、ここをないがしろにして0にする選択肢はないかなと思っています。

過去に起こった歴代のGoogleアップデート

Googleのアップデートは何も今に始まったことではありません。

ここでは代表的なGoogleの歴代アップデートを学習し、Googleが検索結果をどのようにしたいのか理解しましょう。

そこを少しでも理解することで、どのようなコンテンツを作成すべきかが見えてくるはずです。

代表的なアップデートの種類

- パンダアップデート
- ペンギンアップデート
- ハミングバードアップデート
- モバイルフレンドリーアップデート
- モバイルファーストインデックス
- 健康アップデート
- スピードアップデート
- コアアルゴリズムアップデート

パンダアップデート（2011年2月実施）

パンダアップデートは低品質サイトに対するアップデートのことです。

他のサイトの文章をそのままコピーしているような無断複製サイトや、ツールなどによって自動生成されたサイトなど、検索ユーザーへ価値の提供がないコンテンツに関しては、検索順位を大きく下げられました。

つまり良質なコンテンツに対するアルゴリズムの変更がこのアップデートです。

ペンギンアップデート（2012年4月）

ペンギンアップデートは、リンクに対するアップデートです。

SEOで評価される2大要素は「コンテンツとリンク」です。

たくさんのリンクを受けているサイトは「参考になるサイト」だと評価され、SEO的にも非常に優遇されます（これを被リンクといいます）。

現在では無効ですが、かつては自分で作ったサイトからもう1つの自サイトへ大量にリンクを当てることで上位表示できる時代がありました。

そのような裏技的に上位表示を狙う方法を取り締まるのがこのペンギンアップデートです。

これによってリンクの力だけで押し上げられたような価値の低いサイトは検索結果から姿を消しました。

ハミングバードアップデート（2013年9月）

ハミングバードアップデートにより検索エンジンのクオリティアップが図られました。

以前は、単に検索したキーワードが含まれるコンテンツが並んでいたのですが、このアップデートを機にGoogleは検索意図をより深く理解できるようになりました。

これにより会話型検索も可能になったのです。

音声入力で検索する若者が増えてくる中、口語キーワードの需要も高まっており「〇〇の一番安いお店はどこ？」など、会話のような文章で検索する人も増えています。

以前は「〇〇の一番安いお店はどこ？」という文言が入ったサイトが上位表示していましたが、ハミングバードアップデートにより「〇〇渋谷店」などという的確な答えを検索結果に表せるようになりました。

モバイルフレンドリーアップデート（2015年4月）

モバイルフレンドリーアップデートは2015年4月と2016年5月の2回にわたって行われました。

インターネットユーザーのスマホ使用率が劇的に上がる中、WEBサイトでもスマホに最適化したものが推奨されています。

このモバイルフレンドリーアップデートによりスマホへの最適化が順位決定要因として採用されました。

自サイトがモバイルに対応しているか否かに関しては以下で確認することができます。

https://search.google.com/test/mobile-friendly?hl=ja

また2018年3月26日には公式にモバイルファーストインデックスが発表され、2020年9月には完全に移行することとなります。

※モバイルファーストインデックスとは順位決定基準を「従来のPCサイトからモバイルサイトを基準にする」仕組みのことで、モバイルサイトを優先的にインデックスし評価していきます。

健康アップデート（2017年12月）

2017年12月、Googleは医療や健康に関係する検索結果に大きなアップデートをかけました。

以前は医療や健康に関係する検索結果上に医学的なエビデンスがないようなサイトが乱立しており、検索ユーザーに誤解を与えてしまう可能性の高い状態でしたが、このアップデートを機に信憑性の薄い情報は上位表示できなくなりました。

また、情報の信憑性や信頼性を指し示す指標として、後述する「EAT」を重要視し始めたのもこの頃からです。

スピードアップデート（2018年7月）

ユーザーの検索体験を向上させるため、Googleはページの表示速度に関する「スピードアップデート」を2018年7月に実施しました。

これにより一部のページ表示速度の遅いサイトやコンテンツに関しては検索順位が下がりました。

つまりページの読み込み速度なども順位決定要因になり得るようになったわけです。自サイトの読み込み速度は以下で確認することができます。

https://developers.google.com/speed/pagespeed/insights/?hl=ja

コアアルゴリズムアップデート（2019年3・6・9月、2020年1・5月）

そしてこの本を執筆している2020年現在までで、計5回実施されているのがコアアルゴリズムアップデートです。

コアアルゴリズムアップデートは、Googleの順位決定ルールを根幹から見直すものであり検索結果の大きな変動が見られます。

これにより検索結果の上位に表示させるためには専門性・権威性・信頼性が強く求められるようになり、特に健康や経済・法律など検索ユーザーの人生に大きな影響を与える分野（これをYMYLといいます）には、よりこの要素が求められるようになっています。

大事なものは変わりつつある

「**ユーザーに焦点を絞れば、他のものは皆後からついてくる**」これはGoogleが公式に発表している理念の１つです。

代表的なアップデートを取り上げてきましたが、ただ単に理論上合致したコンテンツを検索結果で見せるだけではなく、より検索ユーザーの検索体験を最適化しようとしているのがうかがい知れると思います。

- **より信憑性の高い情報**
- **より信頼できる権威のある人物による発信**
- **より専門的であること**
- **検索意図に、よりマッチした結果**
- **オリジナリティ**
- **ストレスなく検索できること**

これらを満たすためにアップデートは繰り返されてきました。世界一の検索エンジンという立場を守るために「ユーザーファースト」を追求しているからですね。そして近年、一層その重要度を増しているのが「**EAT**」かと考えます。

以前は「良いコンテンツ」さえ出していれば良かったものが**「何を書いているか？」より「誰が言っているのか？」の重要度が増している**と感じます。

そう考えると匿名で運営するサイトアフィリエイトで大きなクエリ（大きく稼げるテーマ）を狙うのは厳しくなって来ており、その点ではブランディングを主要とするブログやSNSに時代の風は吹いていきそうです。

意識するべきEATとは……

EATというのは、次の頭文字をとった言葉です。

- **Expertise（専門性）**
- **Authoritativeness（権威性）**
- **Trustworthiness（信頼性）**

Googleはサイトの評価基準としてこれらの要素を重要視しています。

肌感的にはコアアルゴリズムアップデートの回数を重ねる度に、その傾向は強くなっているような気がします。

特にYMYL領域（健康や経済・法律など検索ユーザーの人生に大きな影響を与える分野）ではEATを強く求められ、これを満たしていない製作者やコンテンツはSEOで上位表示できなくなっています。

そして残念ながら、このYMYL領域こそが、最も大きく稼げる分野になります。

Googleのウェブマスター向け公式ブログでもこれらについて触れられています。

https://webmaster-ja.googleblog.com/2019/10/core-updates.html

ここに書かれている内容を大きく要約すると以下のようになります。

- **コンテンツの独自性（オリジナリティ）**
- **コンテンツのクオリティ**
- **コンテンツの専門性**
- **コンテンツの網羅性**
- **コンテンツ制作者の専門性**
- **コンテンツの正確性**
- **コンテンツの信憑性**
- **コンテンツの見やすさ**

このようにサイトを制作することが求められているのです。

ネットの世界で最も物が売れる領域というのは、人には言えない分野のもの。

お金の問題や、性の問題、人には言えない美容の問題……。

そう。YMYL領域なのですが、そこで個人のサイトが検索結果の上位を取ろうと思えば、とことんコンテンツにこだわらなくてはいけません。

ですが個人的な感想として、これを初心者が実行できるとは到底思えません。

上位のサイトは、企業のサイトや公式サイト・たくさんのコストをかけた立派なサイト達ばかりです。実際に検索してみてください。

稼げるクエリの代表「脱毛」「クレジットカード」「キャッシング」「育毛剤」など。素人が太刀打ちできる気がしないはずです。

「ではアフィリエイトはもう稼げないのか？」という疑問が湧いてくるかと思いますが、そんなことはありません。

ここで挙げた領域が個人で稼ぎにくくなったことは真実ですが、この分野の稼げる金額の桁は他のものとは全く違います。

「月に８桁（つまり月に1,000万円）以上稼げる分野についての話」です。

副業などでアフィリエイトやブログを始める方の目標金額は人によってマチマチだとは思いますが、月に5万～ 10万円の収入増を目指している方がほとんどだそうです。

そして個人でアフィリエイトをして上記の金額を稼ぐことは現在でも大いに実現可能だと感じています。

金額の話ばかりだといやらしいですが、月に100万円くらいを稼ぐ個人は今でもたくさんいますし、これからもアフィリエイトにそのポテンシャルはあります。ただし、**個人で稼いでいくためには、ここでいうEATを小さく尖らせていく**必要があると思っています。

小さな領域の専門家を目指せ

現在**WEBの世界で個人が稼ぎ続けるためには、小さな領域の専門家になる**ことをおすすめします。

最初はペラサイト手法などで基礎体力をつけるのが良いですが、それを応用して規模感を広げていき「稼ぎ続けていく」のであれば必要なことです。

そうすることで自分だけの検索クエリ「指名検索」を獲得することができるようになります。

例えば私の場合、現在の情報発信テーマは「副業」や「アフィリエイト」などです。※情報発信はブログ以外にもYouTubeやTwitter、InstagramなどのSNSでも先行して行なっている。

専門性がついてくれば、私の名前を名指しで検索する人が増えてくるということです。

「KYOKO　副業」とか「KYOKO　アフィリエイト」「KYOKO　ブログ」など……。**これらのキーワードはGoogleのアップデートが起きても関係ありません。**

キーワードだけを頼りに検索しているユーザーとは違い、彼らの目的は私のコンテンツです。小さな領域の専門家になることでEATを小さく尖らせることができます。

「**この人の言っていることだったら間違いないかもしれない**」そう思ってもらえるような人物になることができれば、検索結果の変動は関係ありません。

自分のサイトを直接ブックマークしてもらえるかもしれませんし、サイトのURLを直接打ってでも訪問してくれるかもしれません。

はたまた別のチャネルであるSNSからわざわざ探して来てくれるかもしれません。

広いテーマで権威者になることは難しくても、狭いテーマであればさほど難しくないことがあります。

「ダイエット」で専門性を高めて権威者になるのはライバルが多すぎて難しいかもしれませんが「美尻」の専門性を高めて権威者になるのは比較的容易でしょう。

SEOでの集客をするのであれば切っても切れないアップデート問題……特に規模の大きな媒体を作る際は、その影響をもろに受けます。

ですが稼ぎ続けていくためには、大きくGoogleがどこに向かっているのかを理解しうまく付き合っていくほかありません。

聞きなれない単語が多く難しく感じたかもしれませんね？　しかし、とても大切な話しをしました。繰り返し読んで、理解を深めていきましょう。

おさらい

- Googleはユーザー満足度の高い検索結果を作るためアップデートを繰り返していく
- そこに食い込むためにユーザー第1主義のコンテンツを作成する必要がある
- 「何を書いているか？」より「誰がいっているか？」の重要度が上がっている
- 小さな領域の専門家になればダイレクトに読者へリーチできる

SECTION

6-2 リスク分散を意識すべき

不測の事態に備えて危機管理意識を持ち、事前対策をしておくことはビジネスでは鉄則です。ここではアフィリエイトにおけるリスクヘッジについて学んでいきましょう。

リスク分散の考え方

これはアフィリエイトに限らずどんなビジネスにも共通していえることですが、世の中いつ何が起こるかわかりません。

先ほどSEO集客するのであれば指名検索を目指すべきだとお話ししましたが、それ１本だと自分のブランドネーム１つに全てがかかっていることになります。

万が一、世間が誰も自分に興味がなくなってしまえば検索されることすらなくなってしまいますよね？

投資の世界のお話ですが「**卵は１つのカゴに盛るな**」という格言があります。

格言の意味

- **１つのカゴに卵を入れて落としてしまえば全ての卵が割れてしまうが、カゴを分けておけば他のカゴの卵は割れずに済む**

つまり、これは**リスク分散**のお話です。

始めたばかりの頃は一点集中するべきですが、稼ぎ続けていくためにはマネジメントも必要なスキルの１つです。

ではアフィリエイトにおけるリスク分散とはどのように行っていけば良いのか？　少し深掘りしてお話していきましょう。

メディアの分散

種類の違うメディアを複数運営することで、不測の事態が起こったときでもリスクを最小限に留めることができます。

個人を全面的に押し出すタイプのブログでは複数運営することは難しいかもしれませんが、それでもやっている人はいます。

サイトアフィリエイトであればメディアの分散は当たり前のことですね。

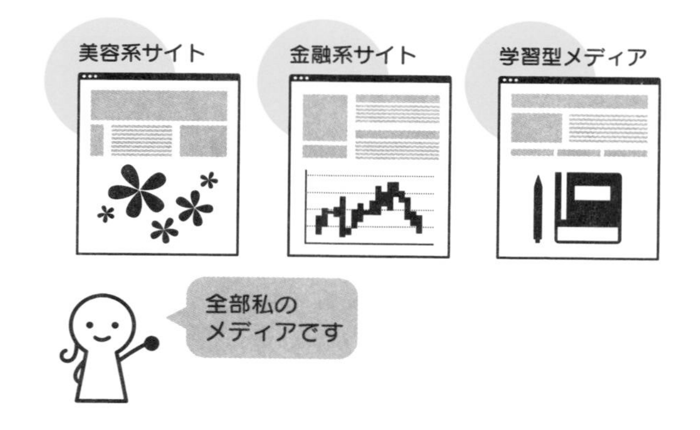

図のように、1つは美容関係のメディア・1つは金融関係のメディア・1つは学習型メディア……とジャンルを分けておけば、特定のジャンルにアップデートがかかったとしても他は無事です。狙っているキーワードも違うでしょうしね。

手法の分散

できるならば**アフィリエイト手法の分散**もしておくべきです。

Googleは検索結果のジャンルだけにアップデートをかけるわけではなく、そのやり方にも定期的に見直しをかけています。

【基礎基本を覚えるためにわかりやすいペラサイトから始めた方がいい】これは確実にそう思いますが、ペラサイトのように1ページだけで構成されたランディングページ型の手法にアップデートがかかったらどうしますか？
「それしかやり方を知らない」「その一辺倒だけでやってきた」こんな人は再起不能になってしまうはずです。

本書の第１章「アフィリエイトにはたくさんの種類がある」でもお話しましたが、組み合わせ次第で手法はいくらでもあります。

- **1ページで構成するペラサイト**
- **リンクメインで構築していく大型サイト**
- **中古ドメインで運用していくサイト**
- **がっちりSEO設計したコンテンツ重視のサイト**
- **SEO比率の弱いブランディングブログ**

可能であれば３つぐらいは、自分のできる手法を持っておくといいですね。

集客ルートの分散

付属的にいえることですが、アフィリエイト手法を分散すれば、当然集客ルートも分散されます。

A
SNS経由
60%
指名検索
30%
SEO経由　10%

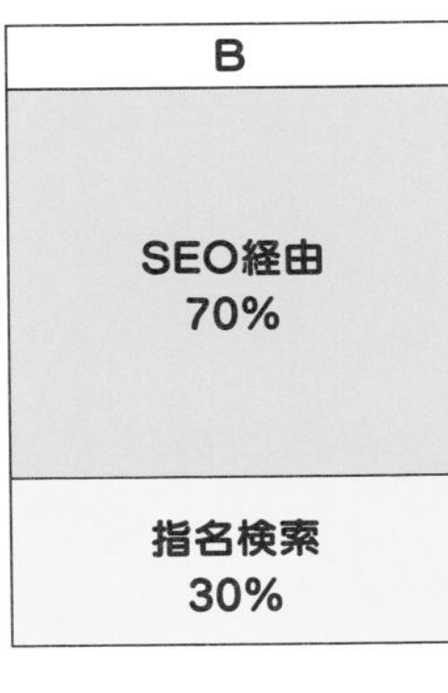

このように**集客ルートのパーセンテージは色々な割合があります**。

ここまでで何度も申し上げていると思いますが「どこからお客さんを集めるのか」これをSEOに依存するのは今後危険かなと思います。

とはいえ、無料で能動的なユーザーを集められるのですから、0%にする選択肢もありません。

Aの媒体

SNSを絡めつつ、SEOも意識しつつ、ユーザーに役立つようなしっかりしたコンテンツを作成していれば最終的に目指すべき「指名検索」が獲得でき、Aの媒体のように集客ルートを分散することが可能です。

このような形を再現できるのはオールラウンドである「ブログ」が得意です。

Bの媒体

基本的にサイトアフィリエイトはブランディングには向かないのでSNSからの集客はブログより難しい印象です。

ですが、もちろん全くできないわけではありません。

有益なコンテンツを継続的に発信することでBの媒体のように、キーワード検索以外にもサイト名で指名検索してくるユーザーを獲得することができます。**ポイントはブックマークしたくなるようなサイトを作ること**ですね。

Cの媒体

規模の小さい商標特化サイトやペラサイトであれば、SNSや指名検索を狙うことはできません（というか必要ありません）。

ですから、Cの媒体のようにSEOに100パーセントになるのも当然です。

規模の小さいサイトですから狙うキーワードも商標名や商標名の複合キーワードといったニッチな分野になり、さほどGoogleのアップデートの被害も少ない印象です。

媒体を量産することも基本なので、万が一アップデートで検索順位が落とされても、1つのカゴに過ぎません。

難しい話に聞こえるかもしれませんが、これからアフィリエイトで稼いでいこうと思えば、マルチスキルのオールラウンダーを目指していきましょう。

インターネットの世界はとても変化の波が激しいです。**リスク分散をして「AがダメでもBがある」「BがダメでもCがある」という状況を作り出せる人は、長い間稼ぎ続けることができる**でしょう。

リスク分散の重要性が理解できましたか？
全て最初からやろうとせず、慣れてきたら積極的にできるところから取り入れていきましょう。

リスクマネジメントをしていく過程で分析力が養われていきます。同時に変化を読み解く力も磨かれていくので、対応力もついていきます。

Chapter 1 Chapter 2 Chapter 3 Chapter 4 Chapter 5 **Chapter 6**

おさらい

変化の激しいインターネットの世界……
アフィリエイトで稼ぎ続けていくためには

- アップデートに備えて媒体は複数持っておこう
- 使用できる手法をいくつか持っておこう
- さまざまな所から集客できるスキルを持とう

SECTION 6-3

インターネット上のルール

インターネット上のルールを守ることは、自分を守ることに繋がります。インターネットの世界は完全な匿名ではないという認識をしっかり持ってビジネスをしましょう。

ネットリテラシーを高めてルールを守る

アフィリエイトで長く稼ぎ続けていくためには、自分もいちインターネットユーザーとしてそのルールを知っておかなくてはいけません。

「ネットでお金を稼ぐ」と聞くと、なにか魔法のような裏技と勘違いしてしまう方が非常に多いのですが、そのような気持ちで参入する多くの方は「稼ぐためには何でもする」こんな間違った認識を持ってしまいがちです。

現実世界では圧倒的にイケナイことだとわかっていても、ネットの世界ではついついやってしまう……これが顔の見えない世界の恐ろしいところです。

ここでしっかりネットリテラシーを高めて、正しくインターネットを活用してほしいと心から祈っております。

ネットに関する法律

インターネットは基本的に匿名で自由に情報を発信できたり取得できたりする素晴らしいツールです。

ですが、**自由には責任が伴います**。ネットの世界にまつわる法律があるので、覚えておきましょう。代表的なものは以下の２つです。

❶ 薬機法（旧薬事法）
❷ 著作権法

薬機法（旧薬事法）

こちらはテキストで情報をアップロードする際に気をつけなくてはいけない法律になります。

以前は薬事法と呼ばれていた法律で、すごくわかりやすくいうと「効果効能」などを謳う際に気をつけなくてはいけない「**表現の法律**」になります。

- **医薬品**
- **化粧品**
- **医薬部外品**
- **医療機器の品質**

「これらの有効性や安全性を表現するときに、表現の方法を間違えると誤解する人がいるのでルールに則って書きましょうね」ということです。

WEB上の文章などで収益を得ている人であれば特に気をつけなくてはいけませんよね。

薬機法に引っかかるような書き方をしていると広告主から注意されることにもなりますし、最悪の場合、訴訟にまでなってしまうケースもあります。

少し薬機法の例を出してみましょう。

主に美容関係の事柄について表現する際は気をつけなくてはいけません。例えば以下のような表現方法は、現在では使えません。

美白になる・若さを保つ・痩せる・ほっそりする・治る・改善される・アンチエイジング・浸透する・しわをとる・白髪予防・疲れがとれる・発毛……などの表現はすべてNGです。

参考　https://support.a8.net/as/manners/

そのような効果効能を謳っている商品であっても、上記のような表現をすると薬機法に触れます。

ではどのような表現方法をしていけば良いのか考えてみましょう。

例えば

「抜け毛が減った」➡
- **排水溝にゴミがたまらなくなった**
- **お風呂上がりのバスタオルに髪の毛がつかなくなった**
- **フローリングの掃除が楽になった　　　……など**

「痩せた」➡
- **ズボンがゆるくなった**
- **いつもの洋服がサイズダウンした　　　……など**

「アンチエイジング」➡ エイジングケア　……など

あまりやりすぎると毒にも薬にもならないようなコンテンツになってしまうかもしれませんが、断定的な表現方法には気をつけましょう。

著作権法

そして２つ目が著作権法になります。

著作権法とは、個人の著作物を保護する法律のことです。

ネット上の著作物にはこんなものがあります

- **テキストコンテンツ**
- **動画コンテンツ**
- **画像・写真**

「ネット上にある情報は、全て自由に使える」と思っている人もいるかもしれませんが、誰かが作った上記のようなコンテンツは**著作権で守られている**ことがほとんどです。

勝手にサイトにアップロードして使用するなど、自分のものとして無断で使用した場合、著作権法違反にあたります。

万が一この著作権を侵害してしまった場合には、裁判にまで発展するケースも少なくありません。
　ではこのようにならないためにはどうすれば良いのでしょうか。インターネット上の著作物を使用する場合は以下のような方法をとることで著作権に触れることなく情報を使うことができます。

❶ **著作権フリーのものを使う**
❷ **引用する**

　著作権フリーの画像や動画などであればそのまま使っても大丈夫ですし、自分のコンテンツには足りない部分を他者の有益なサイトから引用することはアフィリエイトやブログをやっていてもよくあることです。

　このようにインターネット上にあるさまざまなコンテンツを取り扱う際には、法律関係にも注意して行かなくてはいけません。

誹謗中傷の問題について

　インターネット上のマナーとして、最もやってはいけないのが誹謗中傷だと思っています。
　ネットの世界は確かに匿名性が強いですが、実は「匿名のようで匿名ではない」というのが正しいです。
　WordやExcelなどで作業をするだけなら、オンライン上の人とのつながりはありませんが、SNSやブログなどを始めると人との繫がりができ始めます。
　そうなってくると、匿名性を利用して誹謗中傷をする人たちが出てくるわけですね。
　フォロワーが多くなったり、有名になったりすると誹謗中傷される確率はかなり高くなります。
　ですがここではっきりといっておきます、**誹謗中傷は犯罪**です。
　顔の見えないインターネットの中だからこそ、配慮が必要なのではないでしょうか。

ケース❶ 他人を叩く記事で稼ぐ

よくある誹謗中傷のケースとして、**他人を攻撃するような記事を書いて稼ごうとする**パターンが挙げられます。

ある程度著名な人や、名前の知られている商品を対象にしてこき下ろし、「A・B・C・Dはダメだけど Eはいい」というように自分の売りたい商品に誘導する目的で書かれる記事です。ネームバリューのある対象物を酷評するとアクセスを集めやすいので、このような手法が用いられています。

人間というのは、良い情報より悪い情報が見たい生き物です。他人を攻撃するような記事は「得をするより損をしたくないという気持ちの方が強い」という人間の特性を利用した手法になります。

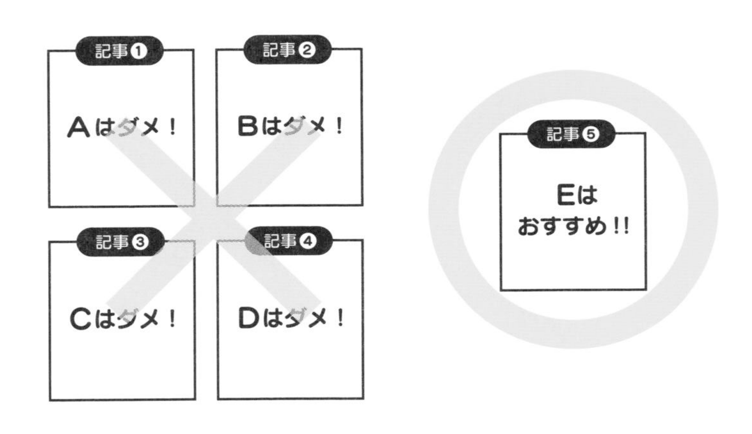

昔からある古典的なやり方なのですが、こちらは非常に悪質です。

アフィリエイトをする際にも類似商品の比較記事を書くことはあるかと思いますが、私はどちらか一方の商品を圧倒的に下げるようなコンテンツを作らないように受講生には指導しています。

悪い評価をされた広告主の立場としてはいい気持ちがするわけありません。

当たり前ですが、アフィリエイト以前に相手の立場に立って物事を考えられない人にお金を稼ぐことはできないでしょう。

「どうせ匿名だからバレない」「どんなことをしても稼ぎたい」……いいえ、これはハッキリいって**業務妨害罪に問われる事案**ですし、必ず作成者はわかります。書いている内容がただの憶測だったり事実と違うものであれば「**偽計業務妨害罪**」にも問われます。被害が大きければ広告主が法的手段に出ないとも限りません。

本書を読んでいる皆さんには、フェアなやり方で発信に取り組んでほしいと思っています。

ケース❷ 出る杭は打たれる

自分がブログやSNSで有名になってしまったときに、誹謗中傷されることがあります。「出る杭は打たれる」といいますか、このパターンの誹謗中傷のほとんどは嫉妬からくるものだと感じます。

「有名税」という言葉を耳にしますが、個を発信することによって、人から誹謗中傷されるのが当たり前の税金だとは私は全く思いません。

昨今ではSNSの誹謗中傷などにより、芸能人が相次いで自殺する事件が増えています。

- **「テレビに出てるのだから叩かれて当たり前」**
- **「有名人なんだからそれぐらい覚悟してるでしょ」**

このような思いやりのない言葉を私も耳にしましたが、ここは断固として否定させていただきます。こんなことが許されていい訳がありません。

芸能人ではなくても、ブログやSNSなどを通じて個人が自由に情報を発信できるようになった今、一般人であっても誹謗中傷に晒される危険性は大いにあります。

誹謗中傷の起こりやすい場所

- YouTubeなどのコメント
- Twitterや InstagramなどのSNS
- 2chや5chなどの掲示板

正直なところ、匿名性が強ければ強いほど何とでも書けます。強い言葉や相手を傷つけることを書いても、自分だとバレることはないと思っているからですね。

ただし前述したように**「誹謗中傷」に匿名はありません**。どんな媒体に書き込もうが、法的手続きを取られてしまえば確実に個人情報はバレてしまいます。そしてどんなに言い訳をしても、法廷で闘うことになれば確実に敗訴するでしょう。

インターネット上に「誰かを攻撃するテキストを書き込む」ということは、そのような末路を受け入れることとイコールです。

発信基準を設けるべき

私たちは被害者にも加害者にもなり得る状態ですが、間違っても誹謗中傷する側には回らないで欲しいと思っています。ですが、全ての情報にポジティブな捉え方をできるわけではないのも事実ですよね。圧倒的に不快感を覚えるような情報を目にすることだってあるはずです。

「良いことしか発言できないなんて、インターネットの表現の自由がなくなる！」

これも本当にその通りで、良いことばかりを発信するだけがインターネットの世界ではないと思います。

つまり、表現の自由は守りつつも発信基準を設けるべきだと思うのです。

基準❶　面と向かって言えるか？
基準❷　実害はあったのか？
基準❸　それを言わないと誰かが傷つくのか？

上記は私の発信基準となりますが、反対意見や批判をする場面では立ち止まってこれらを考えてみます。インターネットの世界だからといって何でもいっていいわけではありません。

もし**今から言おうとしていることを本人が目の前にいても言えるか？ これがNoなら言いません**。

「それおかしくない？」と思っても自分自身に実害がないのであれば発言する必要すらないかもしれません。自分には関係ない物事に首を突っ込んであれやこれやということに、個人的にメリットを感じないからです。

さらに「自分がそれを言わないと誰かが傷つくのか？」を考えてみます。これらの基準に照らし合わせて言及する必要はないと判断したなら、あえて争う必要はないと思っています。

「批判や議論は争いではない」という人もいますが、それは個人の解釈ですし、私は平和を好みます。

仮に批判や意見を言うとしても、言い方があると思います。「最後にフォローの１文」を入れる、「自分だったらこんな言われ方は嫌だな」と思う言い方はしないなどです。

そうすれば相手も頭ごなしに否定されたとは思わず、一意見として捉えていただけると思います。

もし誹謗中傷されたら？

自身が誹謗中傷をする側ではなく、されてしまったらどうするのか？

- **その誹謗中傷でどれだけ傷ついたのか**
- **どれだけ損害を被っているのか**
- **どうしたいと思っているのか**

この辺りによりけりだとは思います。ひどい言葉で中傷されても「全く何とも思わない」のであれば特にすることはありません。

ですが、ほとんどの場合はそうではありませんよね。

- 実生活にも影響が及んでいる
- その言葉のせいで深く思い悩んでいる
- そのような情報を何とかしたい

こう思っているのであれば、**法的対処するのが一番確実**です。

必ず個人は特定できますし、法的に対処すれば訴えが認められるはずです。かかった費用も損害賠償として回収できるケースがほとんどです。

インターネットの世界では自分の身は自分で守らなくてはいけません。万が一誹謗中傷を受けているのであれば、証拠となるものは確実に保存しておきましょう。

❶ キャプチャー画像　❷ WEB魚拓　❸ URL

これらを日付や状況がわかるようにまとめて保存しておくのをおすすめします。弁護士に依頼する際も、これらをプリントアウトして提出する必要があります。

言論の自由や表現の自由、自由に発言できるのがインターネットの魅力でもありますが、人との繋がりがある以上、顔の見えない相手でも思いやる気持ちとマナーが必要です。

おさらい

- アフィリエイトで情報を発信するにあたり薬機法と著作権法は遵守すること
- ネットの世界は匿名性が強いが「匿名のようで匿名ではない」
- 表現の自由は守りつつも発信基準を設けて発信しよう

COLUMN

GUEST おおきさん

SEOとマーケティングのコンサルティング、D2C支援でご活躍されているおおきさんにコラムを執筆していただきました。

皆様、初めまして。SEOや集客についての情報発信を行っている、大木と申します。このコラムではSEOについて少しお話しさせて頂きます。よろしくお願いします。

始めに - SEOは歴史の長い集客方法である

この本をご覧になっている方は、SEOがいつ頃から始まったかご存じでしょうか？　厳密にはわかりませんが、91年から開始されたという説もあれば、本格的に始まったのは90年代後半からともいわれています。従って、20年余の歴史が既にある集客方法といえます。

そこで皆さんに、**①SEOの歴史以降で最も長く効果を発揮しているSEO手法**と、**②最新のSEOの手法**を1つずつお伝えします。ご興味ある方はぜひこのまま読み進めてみてください。

① 過去20数年、変わらず効果的なSEO手法とは？

SEOなる概念が登場して以降、SEOではさまざまな手法が現れては消え、を繰り返しています。

そんな目まぐるしいSEO業界において、この20数年間変わらず効果を発揮している手法があります。

それが「リンクビルディング（リンク構築）」です。

これは「SEOをやる上で1つだけ教えるとしたら何を教えるか？」と聞か

れたら必ず挙げる手法でもあります。なぜなら今後もずっと変わらず効果的であろうことが予見される手法だからです。

ではリンクビルディングとは何か？

それはあなたのサイトに、第三者のサイトからリンクしてもらえるようにする行為全般を指します。

リンクが多いと、検索順位が上昇しやすくなります。また近しいジャンルのサイトや、有力なサイトからリンクされるだけで、難関といわれるキーワードで検索順位が大きく上昇することが知られています。つまり効率が著しく良いSEO手法なのです。

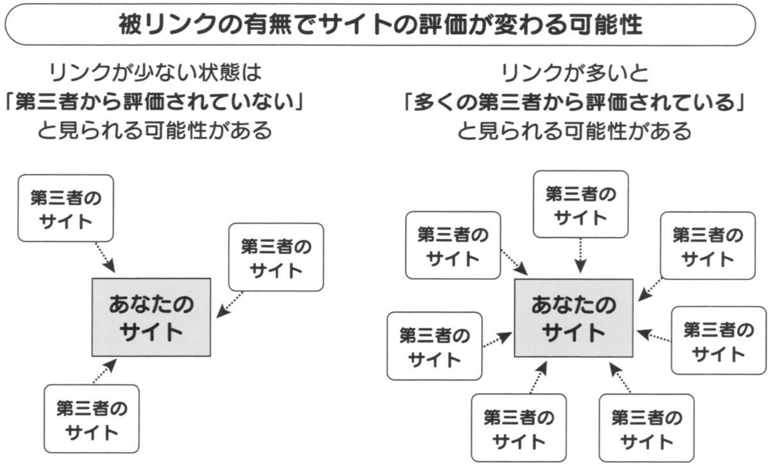

被リンクの有無でサイトの評価が変わる可能性

それではリンクビルディングを具体的にやってみましょう。

リンクビルディングは次の2つとも必要になります。ⓐ**「リンクしたくなる記事」**とⓑ**「リンクするように促す行為」**の2つです。

ⓐ「リンクしたくなる記事」

ⓐの「リンクしたくなる記事」にするには、記事の質が重要です。記事の質を測るには何よりもまず「検索キーワードの質問に完全に回答しているか」が大事です。

例えば「青汁 飲み方」というキーワードで上位表示させたいとしましょう。

このキーワードで検索する人は、なぜ検索するのでしょうか？　こちらは例なのであくまで考え方を参考にして頂きたいのですが、まず考えられるのは青汁の味に対する苦手意識があるためです。またせっかく買った青汁の効果を無駄にするような飲み方への心配も検索意図としてありそうです。こういったありそうな悩みや検索意図を洗い出し、それに「完璧に」回答する記事内容を目指しましょう。

当然すぐに完璧な記事はできませんし、時間はかかります。そこは焦らずじっくり内容を詰めていってください。

検索結果の競合記事をチェックすることはもちろん、身近にユーザーがいれば聞いてみたり、Yahoo!知恵袋などのQ&Aサイトや、SNSでリサーチしてみてください。多くの人がさまざまな悩みや、解決方法について投稿しています。それを一つ一つ丁寧に拾っていき、目の前の一人に語りかけるように回答を一つの記事として紡いでいきましょう。

こういった作業は自分のペースで構いません。検索エンジンは待ってくれます。

ⓑ「リンクするように促す行為」

さて記事がある程度できたら、次はⓑの「リンクするように促す行為」です。

これはさまざまなやり方がありますが、一番手っ取り早いのは「リンクしてください」とお願いしてみることです。

記事の最後に「この記事が役に立ったら、あなたのサイトからリンクして貰えると嬉しいです」と書いてみるのも一つの方法です。

他にも家族、友達、仕事仲間など近しい存在の人に、無理のない範囲で「リンクして貰えたら嬉しいな」と伝えることも重要です。意外と引き受けてくれることもあります。

更におすすめなのは、予めSNSやYouTube、LINEなどでサイトの公式アカウントを作っておき、記事をアップロードしたら「リンクを張って貰えると嬉しいです」と明確に告知することです。もしあなたのアカウントが育っていれば本当にリンクして貰える可能性があります。

このようにして、とにかく「リンクしてもらうにはどうするか」を日々考え続けることがSEOアフィリエイトで成功するための第一歩といえます。リンクは質の良い記事であっても、とてもスローペースで増えるものです。ですから長期的に多くの人に発信し続けることが必要になります。

なおやってはいけないのは「リンクと引き換えに金銭の授受を行うこと」です。これは明確にGoogle検索のガイドライン違反にあたりますので、発覚時にはペナルティなどで検索順位を大きく下げられる可能性があります。気を付けてくださいね。

② 最近、効果を表しているSEOの手法とは？

次は「最近､効果を発揮するようになって来た手法」についてご紹介します。

それは「権威性を高めること」です。

権威性とは、文字通り何か特定の領域において権威となることです。

「権威」なるものをもう少し噛み砕くと、その分野の第一人者の一人として多くの人に認められることです。同時に多くの人が「この人が言うなら間違いないだろう」と盲目的に従ってくれるような対象を指します。例えば医療の分野における医師、法律の分野における弁護士のような存在です。「先生」と呼ばれる人、といってもいいでしょう。

今のGoogle検索ではGoogle自身が「権威性を重視する」と公言しています。実際、記事の内容よりも権威性の方が重視されすぎている検索結果も増えてきている程です。今後のSEOでも長期間にわたって権威性を高めることが重要なファクターとなることは確実視されているのです。

じゃあどうやれば権威性を高められるのでしょうか？　権威性はさまざまな段階がありますので、いきなり業界の第一人者になれる訳ではありません。

ですが、医療や法律のように大きな領域でトップを目指すのではなく、ニッチな領域から始めれば案外楽です。

例えば「コスメ業界の権威者」だと道のりは長いですよね。でも「プチプラ（安価）コスメ」なら少し楽になります。更に「20代向けプチプラコスメ」ならより楽です。更に更に、「20代向け韓国産プチプラスキンケア」だけに絞るともっと楽です。

上記はあくまで参考例の一つに過ぎませんが、このようにしてニッチな方へ絞っていき、その領域で情報発信していくと比較的簡単に権威性を構築できるのです。

さて、権威性とは情報発信をどれだけたくさんしたかで変わってきます。ですのでサイトだけでなく、SNSやYouTube、LINEなどでも情報発信をしていくと良いでしょう。

画像を見せた方が良いジャンルならインスタグラムが向いています。法律やビジネスなど文字で説明する方が向いている領域はツイッターやフェイスブックが良いです。何かの手順を説明したりやってみせるような情報発信ならYouTubeやTiktokが適しています。

なお、これらSNSなどは宣伝があまり好まれない傾向があります。ですので投稿の９割以上は役に立つ情報を発信し、残りの１割以下であなたのサイトの宣伝をする、といったバランスを守ることが大事です。

権威性を高めるための一番の秘訣は、これらを楽しんでやることです。

毎日SNSにログインし、気の合う同士とコミュニケーションを取りながら有益な情報やその分野で言いたいことを言う。たまにオフ会に参加してみる。あるいは自分が主催してみる。時々行われる、皆が注目するようなイベントには自分も遊びに行ってみる。その様子をSNSで発信してみる。行けなかった人と、次は一緒に行きましょうと約束してみる…などですね。

そういったことを楽しみながら日々繰り返していると、アカウントが少しずつ成長し、「"20代向け韓国産プチプラスキンケア"といえばこの人」というイメージが付いてきます。これが更に数ヶ月、1年と継続できると、俗にいう権威性が高まり、ひいてはSEOで検索順位が上がりやすくなるという流れです。

③ SEOの全体像と3つのレベル

最後にSEOの全体像をロードマップとしてまとめてみます。SEOには3つのレベルがあります。

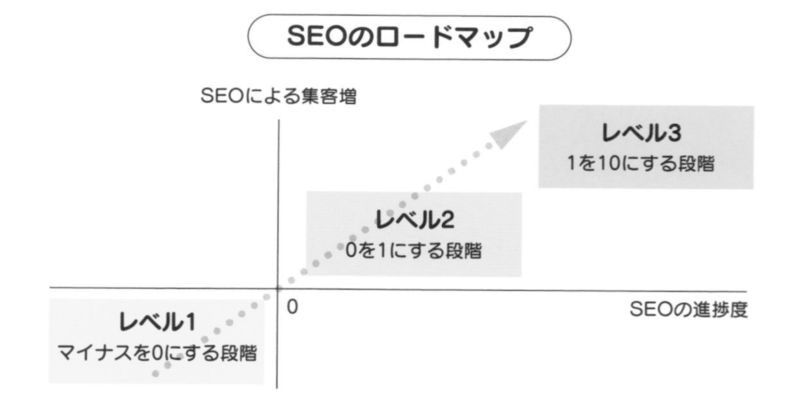

・レベル1：マイナスを0にする段階

これは基本的なSEOをさします。例えば記事にタイトルや見出しを入れる等ですね。本来ウェブページを制作するならやって当然であり、これらが抜けていると本来得られたはずの検索順位まで到達できない…そういったSEOの基礎中の基礎を表しています。

・レベル2：0を1にする段階

これは完成度の高い記事（コンテンツ）を書くことを表しています。レベル1が済んでいるのに検索順位が上がらないなら、次に見るべきはここです。検索意図はしっかり掴めているか？　抜け漏れはないか？　そこに「完璧に」答えた記事を書けているか？　を考えてみてください。

・レベル3：1を10にする段階

基礎的なSEOもできたし記事も完璧…検索順位も段々と上がって来た。さてここからどうする？　という段階です。

お気づきの方もいるかも知れませんが、ここまでは全て「自分のサイトの中だけ」の話です。でもSEOはサイトの外からの「リンク」も必要なんですね。つまりここまでできている方は、新たな記事の執筆と平行して、上記のようなリンクビルディングを試してみてください。

時間はかかりますが、1か月経ち、2か月経ち、となる間に、1本、2本とリンクも増えて来る可能性が高まります。これを繰り返すことができれば、それまで高かった順位は更に上昇し、順位の上値が重かった難関キーワードでも少しずつ検索順位が上昇し始めた、というケースは多々あります。

このSEOのロードマップを参考に、どのレベルに自分がいるか？　今は何に集中すべきか？　ということを常に意識してみてください。

GLOSSARY（用語集）

初心者の方でもアフィリエイトの専門用語をすばやく理解し、コンテンツを読み進められるように用語辞典を用意しました。専門用語の難しい解説文も、初心者の方にわかりやすく噛み砕いた表現で解説しております。これを活用して素早くインプットし、アウトプットのフェーズに時間を使って頂ければと思います。

ア行

アイキャッチ画像（サムネイル）
その名の通り「目を惹きつける画像」のことです。1ページしかないペラサイトでは設定することはありません。ですが、記事数の多いサイトでは、記事内容をイメージできる画像を見出しの直下に設定することで、ユーザーに見やすさをアピールできます。

アイコン
操作対象をわかりやすく絵や画像で表現したもの。デスクトップに表示されているものの他、SNSやプロフィールなどに表示させる、画像や写真などもアイコンと呼びます。

アクセス
アフィリエイト用語におけるアクセスとは「訪問」「接続」を意味します。
サイトにアクセスする → サイトに訪問する
情報にアクセスする → 情報との接続を試みる
簡単にいうと上記のようなことを「アクセス」といいます。
「サイトのアクセス数が……」という使い方が多いと思いますが、これはサイトが表示された回数やページビュー（PV）のことを指します。

アップロード
パソコンなどからネットワーク上にデータを送信することをいいます。

アドセンス（Google AdSense）
自分のサイトにGoogleのアドセンス広告を載せて収益を得る、アフィリエイトの1つです。サイトに訪れたユーザーが、広告をクリックすることで報酬を得ることができます。
無料で始めることができますが、登録時にはサイトの審査などがあります。

アナリティクス
Googleの提供している無料のアクセス解析ツールのことです。ただアクセス数を計測するだけでなく、ユーザーの行動を精密に把握することができるので、分析のために使います。1ページしかないペラサイトでは、使うことがあまりないかもしれません。

アプリ型アフィリエイト
アプリをインストールしてもらうことによって報酬が得られるアフィリエイトです。

アルゴリズム
アフィリエイトにおけるアルゴリズムとは、Googleなどの検索エンジンが検索順位を決める上での指標を指します。

IPアドレス
インターネット上で相手（機器）を識別するために付けられている数字の羅列です。この数字の羅列を、人間でもわかりやすいように変換したものが「ドメイン」となります。

一般キーワード
特定の商品やサービス、企業などを含まないキーワードを指します。

インクリメンタルサーチ
検索窓などに文字を1文字入力するごとに、検索キーワードの候補が現れます。これをインクリメンタルサーチといいます。
検索したい単語をすべて入力した上で検索するのではなく、入力のたびに即座に候補を表示してくれるので、手間なく検索することができます。

インストール
プログラムやソフトウェアを自分のパソコン内に取り込むことをいいます。「ダウンロード」とは違うので混同しないように注意しましょう。

インプレッション
インプレッションとは、そのWEBサイトやページの表示回数のことをいいます。一見すると、アクセス数とも似ていますが、違います。簡単にいうと一瞬でも表示されれば、インプレッションは「1」です。
記事内のアフィリエイトリンクをクリックはしてもらえなかったが、一瞬でも表示されれば広告のインプレッションは「1」となります。

インターフェース
直訳すると「接点」「境界線」などの意味があります。
IT用語としての意味合いは、種類の違うコンピューター同士やプログラムなどを結びつける共用部分を指します。

インデックス

アフィリエイトにおけるインデックスとは、Googleがまだ未確認のサイトやWEBページをクローラーが巡回し発見した後、正式に登録した状態のことをいいます。

インデックスされるまでは、サイトや記事は検索結果上に存在しないのと同様です。もちろん順位も付きませんし、ユーザーの目に触れることもありません。

EAT

EATとは、サイトの評価基準の1つで、2018年のコアアップデートを皮切りに重要視されています。

それぞれの意味は以下

- Expertise（専門性）
- Authoritativeness（権威性）
- Trustworthiness（信頼性）

WEBサイトを上位表示させるにあたって、これらの指標が高いものを高く評価するというものです。

テーマが絞られていて、その物事について詳しく述べられているサイトは専門性が高いですし、その道のプロフェッショナルが作成した記事や被リンクのたくさん付いているサイトも権威性があるでしょう。また運営者情報などをしっかり開示しているサイトは信頼性もあります。

EPC

すごく簡単にいうと「その広告案件の人気度」のことです。厳密にいうと以下のような計算式で数値化されたものになります。

アフィリエイト報酬金額÷クリック数＝EPC

つまり1クリックでどの位の収益が上がるかの数字です。

このEPCは、無料で見られるASPもありますが、ある程度のランクにならないと見られないASPもあります。

ウィジェット

ワードプレスに設置できるパーツです。バナーやテキスト、投稿一覧など好きな項目を設置できます。

WEBライティング

WEB上の文章を書く技術になります。

- コンテンツの価値を検索エンジンから評価される文章
- ユーザーが読みやすい文章
- スマホなどからの表示を意識した文章

など、求められることは色々とありますが、ユーザーの読みやすい文章で、読んでもらいやすいように上位表示させることを目的とします。

WEBマーケティング

インターネットを利用した商業のこと。具体的には、WEBサイトなどに集客をして、商品の購入に繋げます。

エビデンス

「証拠」という意味の言葉です。医療に関するものであれば臨床結果であったり、食品などに関するものであれば保健機関による統計などになります。

エンゲージメント

エンゲージメントを直訳すると「約束」や「契約」を意味しますが、アフィリエイトにおいては「反応」のことをいいます。ユーザーエンゲージメントといえば、ユーザーの反応（サイト滞在時間、平均ページビュー、直帰率）のことですし、SNSのエンゲージメントといえば「いいね」や「コメント」「シェアする」という行動のことをいいます。

エントリーページ

「個別ページ」とも言われ、トップページの下の階層に位置付いているページです。

AMP

WEBページをスマホなどのモバイル端末から高速で表示するためのシステムのことです。

Googleが検索結果の上位に表示する条件は200種類以上あるといわれていますが、その中に「サイトの表示速度」についての項目があります。

WEBページをAMP化することで表示速度が上がり、検索結果に影響することもありますが、現段階ではそれをすることによる不具合もあるようです。

ASP

ASPとは広告主と私たちとの間でアフィリエイト案件を仲介する業者のことです。

代表的なASPには以下のものがあります。

- A8.net（エーハチネット）
  会員数・広告主数ともに国内最大規模のASPです。とにかく掲載数が多いのが特徴です。何か紹介したいものがあれば、まずはA8.netから探しましょう。A8.netは審査不要。ブログを開設したならまずは登録したいASPです。
- afb（アフィリエイトビー）
  「美容」「エステ」「婚活」などに強いASP。
  そのようなカテゴリのアフィリエイト案件を探したいときは、afbがおすすめ。「担当がつきやすい」というのも特徴の1つです。
- アクセストレード
  「金融・保険」「Eコマース」「エンタメ」「サー

ビス業」の業界に強いASP。WEBサイトがなくてもTwitterやFacebookページでも登録OK。他のASPにない案件がたくさんあります。
- バリューコマース
1999年にサービスが開始した、約20年前からあるASP。長年運営されているだけあって、大手の広告が多く掲載。こちらも、掲載数が多いので登録しておきましょう。他ASPよりも報酬が高い案件あり。
- もしもアフィリエイト
W報酬制度という嬉しい制度あり。振込の際に、自動的に10%ボーナスが付与。つまり10万円収益があれば、振り込まれるときには11万円になっているということです。
同じ案件が同じ価格であったなら、もしもアフィリエイトを使った方が振込時にボーナスが付くのでお得です。
- Link-A（リンクエー）
美容・健康・出会い・婚活系に強いASPです。

さらに詳細なASPの説明についてはQRコードよりサイトをご覧ください。

Evernote（エバーノート）
メモを作成できるクラウドサービスです。文字や画像・動画などのさまざまなファイルを保存することができます。

FTP
簡単にいうとサーバーと私たちの間でファイルを送受信する通信の決まり事のこと。基本的にはFTPソフトなどを利用しサーバーに接続して使います。FTPソフトの代表的なものには、FFFTPやファイルジラなどがあります。

FTPアカウント
FTPにアクセスできる権限のこと。レンタルサーバーによって、FTPアカウントの数に違いがありますが、1つのドメイン（サイト）を複数の人で管理する際にとても便利な機能となります。

HTML
サイトの構成をつかさどっているもので、WEBサイトを作るために必要な最も基本的な言語です。私たちが見ているWEBサイトは、HTMLとCSSを基本に作られています。WEBサイトの閲覧中に右クリックし「ソースを表示」でそのページのHTMLを表示できます。

HTMLタグ
＜＞で囲まれた半角英数字のことです。文章内で「＜タグ＞テキスト＜/タグ＞」と、テキストを2つタグで囲むことによって、テキスト部分を装飾することができます。

LP
アフィリエイトにおけるLP（ランディングページ）とは、商品やサービスを販売するための広告サイトのことです。
商品・サービスの説明、問い合わせ・資料請求・購入方法などを網羅したコンテンツが1枚のページに構成されています。

SEO
SEOとは（Search engine optimization）の頭文字をとったものです。日本語で直訳すると「検索エンジン最適化」という意味ですが、Googleなどの検索エンジン上で上位表示するために必要な要素を最適化するということです。
SEO対策やSEOアフィリエイトという使われ方をします。基本的にSEO対策を施して上位表示させるのはお金がかかりません。相反するやり方にPPCがあります。

SEO対策
サイトの検索順位を上位に表示するために対策を施すことをいいます。「SEO」と簡単に表現されることもあります。

SSL
Secure Sockets Layerの略です。インターネット上の情報を暗号化することによって、サイトのセキュリティーの強化ができる技術です。主なメリットは次のようなものになります。
- サイトの安全性が保たれる
- 訪問者に安心を与えられる
- 信頼性が高まる

これまでは、個人情報などの重要な情報ページにのみ利用されていましたが、全てのページを常時SSLすることがGoogleからも推奨されています。通常のサイトにSSLを導入することを「SSL化」といい、URLの「http」の後に「s」が付くことで判断できます。 例）https://〇〇〇〇〇〇

SSL化
通常のサイトにSSLを導入することです。SSL化されたサイトは「https://〇〇〇〇〇〇」と表示され、セキュリティの向上や、ユーザーに信頼感を与えることが期待できます。SSL化の作業は、サイトを登録しているサーバーから行えます。

SMS
携帯電話などで利用できるショートメールサービスのこと。文字数などの制限がありますが、電話番号がわかる相手にメッセージを送ることができます。

SNS

ソーシャルネットワーキングサービスの略で、人と人とがつながることができるプラットフォームのことです。代表的なSNSには以下のものがあります。

- Twitter
- Facebook
- Instagram
- YouTube

alt属性・altタグ

画像の代替となる文章のことです。

HTMLの中にあり下記「alt="○○○"」の○部分にテキストを記述することで、その画像がどのようなものであるのか文章でGoogleに知らせることができます。

<img src="dog.jpg" alt="可愛いチワワの子犬" />

カ行

外注

自分で作業を行わず、外部の人に作業を発注することです。

アフィリエイトに関する外注は、以下のようなことが主に挙げられます。

- 記事の外注
- 画像の外注
- 動画編集の外注

外注することで多くの作業を効率的に進められたり、専門家に依頼することで質を上げることも可能です。

外部リンク

外から自分のサイトに向けられたリンクのことで「被リンク」ともいいます。

外部リンクはそのサイトに対する人気投票のような役割もあり、SEOで上位表示するための重要な要素の1つでもあります。

通常は優良なコンテンツを作成していれば自然に集まるものですが、これを自作自演で行うブラックハットSEOというやり方もあります。

関連語

アフィリエイトにおける「関連語」とは、キーワードに関連するワードをいいます。

関連キーワード

主になるキーワードに対して関連性のあるキーワードのことです。サイト作成時には、主になるキーワードの検索結果などで出てくる2語目のキーワードを指します。

キーワード

調べたい文言のテキストのことを指します。直訳すると「鍵となる単語」です。アフィリエイトにおけるキーワードでよく使うのは以下のようなものになります。

- 関連キーワード
- サジェストキーワード
- 虫眼鏡キーワード
- ビッグキーワード
- ミドルキーワード
- スモールキーワード

各キーワードの説明についてはQRコードよりサイトをご覧ください。

キーワードプランナー

Googleアドワーズから提供されている、広告主向けのキーワード分析ツールのことです。

調べたいキーワードを入力すると、大まかな月間検索ボリュームがわかります。

より詳細な検索ボリュームを調べる場合には、アドワーズ広告を出稿すると見られるようになります。

キャッシュ

一度閲覧したページの情報を取得しておき、次回以降、同じページを素早く表示させる仕組みです。また、キャッシュが保存している古いデータによって、正しく（最新の）ページが表示されない不具合が起こることがあります。

そのような場合は、キャッシュを削除してみましょう。

キャッシュポイント

収入源のことをキャッシュポイントといいます。アフィリエイトに関しては、サイトの数などを指すことがあります。

キャプチャー

データなどを保存するという意味合いもありますが、通常はディスプレイ画面表示を画像データとして写し保存する「画像キャプチャー」を指します。

共起語

ある検索キーワードで調べる際に、一緒にコンテンツ内に含まれている言葉のことをいいます。例えば「サンリオ」で検索したサイトの中には必然的に「キティちゃん」「けろっぴ」という「サンリオ」に関連した言葉が含まれています。この関連度の高い言葉がたくさん含まれているコンテンツは、その検索キーワードにおいてより詳しく書かれているコンテンツだとGoogleに認識されます。

クエリ

アフィリエイトにおけるクエリとは、検索クエリのことを指します。検索クエリとはユーザーが実際に検索窓に入力するキーワードのことです。

検索クエリは、大まかに分けると４つに分かれます。

- GOクエリ
- BUYクエリ
- KNOWクエリ
- DOクエリ

厳密にはキーワードとは微妙に違います。しかしどちらも「調べたい（知りたい）言葉」であることに変わりはありません。

クッキー（Cookie）
サイト側がユーザーの情報や記録などを保存しておくシステムです。例えば、ショッピングサイトで買い物をしているときに、一度閲覧した商品が記録されていたりするのもクッキーによるものです。

クラウド
クラウドコンピューティングの略です。インターネットなどを経由して、ユーザーにサービスを提供する形態をいいます。身近な例を挙げると、Gmailもクラウドサービスの１つです。登録をしてしまえば、どのデバイスからでもログインすることでGmailを利用できます。

クラウドソーシング
WEBを使って不特定多数の人に仕事を委託するアウトソーシング手法の１つ。ランサーズやクラウドワークスなどで業務を外注するのがそれにあたります。

クリック型アフィリエイト
広告をクリックしてもらうことによって報酬が発生するアフィリエイトのこと。成果発生の難易度は低いですが、報酬単価も１～数百円と安くなっています。

クリップボード
クリップボードは、画像や文字、文章などを一時保存できる場所です。以前は１件しか保存ができず､随時新しいデータへ書き換えられていました。ですが、仕様の変更により、件数の制限はありますが履歴として残るようになり、利便性が高まりました。
〈クリップボードの開き方〉「Windows」＋「V」
〈利用する際の設定〉クリップボードを開いたら「有効にする」をクリックしましょう。

クリボー
コピーした文字や文章を保存し、履歴からペーストができるツールです。よく利用するものは定型文に登録することで、いつでも呼び出すことができます。

クロージング
クロージングを直訳すると「閉じる・終わる」という意味になります。マーケティングにおけるクロージングとは､「契約を結ぶ･成約」を指します。また、契約に至るまでのプロセスをいうこともあります。

クローズドASP
ASP側から検索上位表示しているアフィリエイターに直接スカウトすることによって登録されるASPです。紹介を受けて登録することもできますが、他のASPに比べて登録のハードルが高く設定されています。

グローバルサイトタグ
Googleアナリティクスにも Google広告にも利用できるタグのことです。グローバルサイトタグを利用することによって、更に適切なサイト管理ができます。

グローバルメニュー
ヘッダー下に設置されるサイト内コンテンツへのリンクを集約したものです。全てのページに表示されるもので、ユーザーを他のページに誘導する働きがあります。

クローラー
WEBサイトの隅々まで巡回して確認しているGoogleのロボットのことです｡クローラーが回ってきたサイトの情報はGoogleに確認されインデックスされます。Googleに自分のサイトの存在を知らせるためには、クローラーを呼び込まなくてはいけません。そのクローラーを呼び込む手段がリンクです。リンクをたどってクローラーが巡回してきます。

クローラビリティ
Googleのクローラーに対して、サイト内を最適化することです。以下のようなことを指します。

- 内部リンクを配置する
- サイトマップを設定する

Googleアップデート
Googleは、検索エンジンをより使いやすいものにするため、低品質コンテンツやスパムサイトなどを排除すべく定期的にアップデートを繰り返しています。
簡単にいうと検索エンジンでの上位表示に必要なアルゴリズムを定期的に変更するということです。代表的なものでは、ペンギンアップデート・パンダアップデート･健康アップデート･コアアップデートなどがあります。

Googleアドセンス
Googleが提供するクリック型の広告です。広告がクリックされただけで報酬が発生するタイプの広告で、報酬額は広告の種類によってまちまちですが、概ねASP案件よりは安価になります。その広告の種類は自分で決めるわけではなく、審査を通過したサイトの種類に合わせて自動配信となります。またGoogleアドセンスを貼るための審査もあり、それに合格しないとアドセンス広告は貼れません。

健康アップデート

2017年12月6日に行われたGoogleのアップデートのことです。医療系や健康に関するアフィリエイトサイトに対する、アルゴリズムの変動で、医学的根拠を持たないサイトは大きく検索順位が落とされました。

検索エンジン

インターネット上の情報を探すためのシステムのことです。代表的なものには次の3つがあります。

● Google　● Yahoo!　● Bing

検索窓に調べたい内容を入力して使います。

検索ボリューム

アフィリエイトにおける検索ボリュームとは、検索エンジンで月に何回検索されているかの数字のことを指します。

月間検索ボリュームともいい、より一般的であったり、トレンドに乗っているキーワードであれば月間検索ボリュームは多くなり、逆にニッチでマニアックなほど月間検索ボリュームは少なくなります。Googleアドワーズのキーワードプランナーや SEOツールで確認できます。

Googleアドワーズの方は広告を出稿すると、より詳細な月間検索数を確認することができます。

コンテンツ

WEB業界におけるコンテンツとは、「中身」や「内容」のことをいいます。サイト内におけるコンテンツといえば、まさに記事のことですね。Googleで上位表示しユーザーに満足してもらうためには「リンク」と「コンテンツ」が重要になってきます。

コンバージョン

「ユーザーが目的とする行動を起こすこと」です。アフィリエイトにおいては「成約」のことを指すでしょう。

サ行

雑記ブログ

別名「ごちゃ混ぜブログ」とも言われ、テーマの定まらないさまざまな内容の記事を1つのブログに詰め込むタイプのものです。作成段階での計画性等は不要で「初心者さんに始めやすい」と言われますが、日記のようなブログになって失敗してしまうこともしばしば。テーマの統一性が乏しいことから、収益化までにかなりの時間を要し、記事数も「まずは100記事書くこと」などと言われています。

サーチコンソール

登録したサイトの管理ができるGoogle公式のツールです。

●検索結果で表示された回数　●クリック数

●検索順位　●クエリ

●サイトに発生した問題点

などを知ることができます。Googleアナリティクスとの連携も取れ、SEO対策に非常に役立ちます。

サーバー

ユーザーのリクエストに対して、データ（情報）の提供を行う高性能パソコンのことをいいます。例えば、スマホから「YouTubeが見たい」と検索した場合にYouTubeの情報が見られるのは、サーバーがリクエストに応じたから、ということになります。

サイテーション

「引用・言及」といった意味合いを持ちます。リンクではなく、ただのテキストでも企業名・サイト名・運営者の名前などが話題に上がることによって被リンクと似たような評価を受けるというもの。

サイドバー

パソコンでサイトを開いたときに、横の位置に縦長くレイアウトされる表示のことをいいます。

サイトを見やすくわかりやすい状態にする他、別ページへの流れを作ることができます。表示する内容は自由にカスタマイズすることができ、以下のようなパーツを配置することが多いです。

●サイト著者のプロフィール

●見て欲しいページの画像リンク

●バックナンバー　●SNSなどの紹介

どのページを開いても、このサイドバーは固定したままの状態で表示されるので、サイトに訪れたユーザーの目に留まりやすい状態にあります。

サイトマップ

言葉をそのままとらえると「サイトの地図」となりますが、わかりやすくいうと「目次」を指します。目次内の見出しをクリックすることによって、その章に飛ぶことができ、ユーザーは知りたい情報をいち早く見ることができます。

サテライトサイト

メインで運営するサイトのSEO効果を上げるために別ドメインで立ち上げられるサイトのことで

す。サテライトサイトからメインサイトへ被リンクを送ることによってSEO効果を上げられます。

Safari

iPhoneの既定のブラウザです。

シェア

一般的に「分配」「市場独占率」「共有」などの意味がありますが、インターネット上で使われるシェアとは「共有」を意味します。
SNSなどで、引用・拡散されることによって多くの人達と情報の共有をすることが可能になります。

自演リンク

自作自演の被リンクのことです。収益化したいサイトに、自分で作ったサイトからリンクを送ることでSEO効果を高めて上位表示を狙います。
このような手法を「ブラックハットSEO」といい、ペナルティを受ける可能性があります。

自己ブランディング

「セルフブランディング」と言われることもあります。意味は、文字通り自分をブランディング（ブランド化）することをいいます。

上位表示

アフィリエイトにおける「上位表示」とは、検索したときに表示されるサイトの順を上位に表示させることです。
上位に表示することによって、検索者に見てもらいやすい状態にすることができます。

商標アフィリエイト

商品名・サービス名を主軸としたキーワードでアフィリエイトサイトを作成する手法です。商品・サービスを知った状態で検索する人をターゲットにするので、購買に最も近いスタイルといえます。

商標キーワード

商品名・サービス名を主軸としたキーワードです。

CSS（スタイルシート）

CSSとは、Cascading Style Sheets（カスケーディング・スタイル・シート）の略で、簡単に「スタイルシート」と呼ばれることもあります。文書のスタイルを設定する言語のことで、簡単にいうと「装飾」するためのものです。HTMLで文章を作り、CSSで装飾することで、見やすくわかりやすい文章にできます。

CTA

CTAとは、Call To Action（コール トゥ アクション）の略で、直訳すると「行動喚起」となります。サイトに訪れた人の行動を誘導するための、テキストや画像を指します。

CV（コンバージョン）

コンバージョンとは「ユーザーが目的とする行動を起こすこと」です。アフィリエイトにおいては「成約」のことを指します。

CVR

Conversion Rate（コンバージョンレート）の略で、コンバージョンの率を指します。
CVR＝成果件数÷訪問者数

CTR

Click Through Rate（クリック・スルー・レート）の略で、クリック率と言われることも多くあります。
CTR＝クリック数÷表示回数
検索結果に表示されたサイトを、更にクリックしてページが開かれた割合をいいます。

JavaScript（ジャバスクリプト）

ブラウザ上で動くプログラミングの言語のこと。

- ポップアップ機能
- 画像のスライド
- リアルタイムなデータの表示
- データの表示/非表示

上記の例はほんの一部で、用途範囲は広く、9割のサイトが利用していると言われています。

SIRIUS（シリウス）

サイト作成が簡単にできるソフトです。サイト作成時、初期設定などの手間も少ないことから、サイトの量産に向いています。
また、直感的な使い方で簡単に装飾などもできるので、アフィリエイト初心者にも利用しやすいソフトです。

Strongタグ

HTMLタグの一種で、文字を太く装飾するとともにSEO効果が期待できます。Strongタグで強調したテキストは、検索エンジンに対しても強調することができるので、そのサイトのコンテンツ内容を伝えられます。
同じように文字を太くするHTMLタグとして「bタグ」がありますが、これにはSEO効果はありません。

スーパーリロード

キャッシュを無視して強制的にページ読み込みを行うこと。

垂直展開

売れたサイトに記事を追加していく手法のことです。
ニッチなキーワードを寄せ集めるイメージで、ライバルは多くても問題ありません。
記事を追加することで、SEOの効果が期待できます。

スクリーンショットフォルダ

スクリーンショットをすると自動でフォルダが作成され、作成した画像が保存されます。
〈保存先〉PC → ピクチャー → スクリーンショット

スニペット

検索結果に表示されたサイトタイトルの下に、サイト内容を要約したテキストが表示されます。これがスニペットです。通常はメタディスクリプションが適用されます。

スパム

迷惑行為のこと。

セールスライティング

購買心理に基づいたライティングの方法です。稼ぐことに特化したサイトアフィリエイトと相性が良いライティング方法で、物事を論理立てて説明した、記事に説得力を持たせる内容になっているのが特徴です。

脆弱性

コンピューターのセキュリティーが欠損している状態をいいます。
ソフトやシステムの不具合、設計上のミス又は使用上の問題により、セキュリティーの穴ができると、不正なアクセスによる被害を受ける可能性が高まります。

セルフバック

ASPで行われているサービス。自分で購入した商品やサービスに対して、アフィリエイト報酬が入ってくる仕組みです。実質無料のものもあり、レビューサイトの作成などに役立ちます。

ソーシャルブックマーク

気に入ったサイトをブックマーク（登録）することで、サイトの公開ができるサービスです。
このようにサイトを公開することによって、情報のシェアが可能となり、サイトの拡散に繋がります。
代表的なソーシャルブックマーク

- NewsPicks
- はてなブックマーク
- ヤフーブックマーク　など

ソーシャルボタン

サイトに設置されたSNSと連携しているボタン（アイコン）のことです。サイトに訪れた閲覧者が、そのボタンをクリックすることによって、情報の共有ができます。ネット上で話題になることは、SEO上の評価に繋がります。

ソース

プログラミング用語で、ソースコードとも言われます。
人間が理解できるテキストで書かれたプログラムのことです。このソースコードで記載したものを、コンピューター側がわかるように変換し実行されます。
サイトなど上で、マウスの「右クリック」→「ページのソースを確認」でそのページのソースを確認できます。

総合型アフィリエイトASP

ジャンルや種類にとらわれず、さまざまな広告を取り扱っているASPです。

タ行

滞在時間

アフィリエイトにおける「滞在時間」とは、サイトに訪れたユーザーが、そのサイトに滞在している（見続けている）時間を指します。

滞在率

アフィリエイトにおける「滞在率」とは、サイトに訪れたユーザーが、そのサイトに滞在している（見続けている）率をいいます。

タイトルタグ

HTMLタグの一種でサイトのタイトル（題名）を表示させるためのもの。

ダウンロード

インターネット上の画像や情報などを自分のパソコンにコピーすることを指します。

タグ

タグには多くの種類がありますが、代表的なものは3つになります。

- htmlタグ
  ＜＞で囲った文字列のことで、テキストに対する命令を出すことができます。
  htmlタグを利用することによって「文字を大きくする」「装飾をする」「画像を挿入する」「赤くする」などの表示ができるようになります。
- コンバージョンタグ
  コンバージョン（成果）の数を測定するための設置タグ。
- ツールタグ
  ツールのタグをサイト内に埋め込むことによって、各ツールの機能を働かせます。
- メタタグ
  メタタグを設定することによって、サイトの情報を検索エンジンやブラウザなどに伝えられます。ページ先頭のヘッダー領域に記載されます。

タスク
小単位の作業や仕事のことをいいます。

タスクバー
パソコン画面の下に表示されている横長のバーのこと。よく使うアプリなどを登録しておくと便利に利用できます。

タッチイベント
スマートフォンやタブレットなどを画面を指で触ったときに発生するイベント。
●画面にタッチしたとき
●画面に指で触ったまま、その指を動かしたとき
●画面に触れていた指を離したとき
●画面に触れた操作をシステム側がキャンセルしたとき

中古ドメイン
以前に誰かが使っていたドメインのことで「オールドドメイン」とも呼びます。
その特徴として、以前の運営歴の評価を引き継いでいることが挙げられます。たくさんリンク評価を受けている中古ドメインを利用することで、既に被リンクがついている状態で運営を始められたり、すぐに記事がインデックスされるといったメリットがあります。

ツール
ツールを直訳すると「道具・用具」になります。目的を絞った機能に働くプログラムです。ツールを利用することによって、サイト作成や運営するときにさまざまな便利機能として役立ちます。

置換
指定した文字を、別の文字に書き換えること。置換機能を利用すると、ページ内にある「指定した文字」を一気に書き換えられます。

直帰率
アフィリエイトにおける「直帰率」とは、サイトに訪れたユーザーが、そのサイトの1ページのみを見てサイトを閉じたり、他のサイトに移ってしまうことをいいます。

テーブル
テーブルとは直訳すると「台・卓・表」です。WEBサイトにおけるテーブルとは表のことで、データなどをわかりやすく整理することができます。

テーマ（WP）
ワードプレスで使われるテーマとは、記事のテンプレートになります。無料のものから有料のものまであり、さまざまなデザインを選ぶことができます。

テキスト
「言葉・文言・文字」の意味として使われます。

テキストエディター
ワードプレスの入力モードの1つ。ビジュアルエディターとは異なり、視覚的に編集を行うことができませんが、HTMLタグを直接入力することができます。
「ビジュアル」と「テキスト」のモード切替タブは、記事内容を入力する場所の右上にあります。

テキストリンク
文字や文章で構成されたリンクのことです。テキストリンクをクリックすることで、設定先のページに飛ばすことができます。

デバイス
デバイスを直訳すると「装置」という意味で、パソコンやその周辺機器の総称となります。例えば、パソコンに利用するUSBや、接続するプリンターなどもデバイスといえるのです。ですが、よく利用される意味合いは、それ自体で十分な役割を果たす端末のことを指します。
●タブレット　●スマートフォン　●パソコン

テンプレート
サイトを作る際の「ひな形」のこと。シリウスやワードプレスを利用してサイトを作るときに、テンプレートがあることでデザイン性・機能性の高い構成のサイトを作ることができます。
無料と有料のものがあり、ワードプレスの方が種類が豊富なので、見た目の変化を楽しめます。

divタグ（ディヴ）
コンテンツをまとめるときに使うHTMLタグのこと。指定したいコードを <div>…… </div>と囲むことによって、装飾や配置変更などの個別な指示を出すことができます。

同期
同期とは対象のパソコンやスマートフォンなどのフォルダやデータを全て一緒の状態にすることをいいます。
例）スマホA、パソコンB、タブレットCで同期する場合
① パソコンBに画像を追加
② スマホAに画像が追加される
③ タブレットCに画像が追加される
何かデータを削除した場合も同様にすべて一緒の状態になります。

独自ドメイン
1つだけのオリジナルドメインのことをいいます。

自分の好きな文字列でドメインを取得して、1年毎の更新をすることで利用し続けられます。

特別単価

成果報酬の単価を特別に引き上げたもののこと。1つの案件で、ある程度発生が上がってきたら、ASPに特別単価の申請をします。

承認がおりたら、売り上げの単価を上げられるので、大きく報酬を伸ばせます。

ASPによっては、特別単価の申請方法や条件を定めているものもありますので、登録しているASPで確認しておきましょう。

トピック

一般的に使う際の「トピック」とは、ニュース・題名・話題などを指しますが、サイト内の項目なども指します。

ドメイン

ドメインはインターネット上のサイトの住所のようなものです。ドメインにも種類が多く、作成するサイトによって使用するドメインを選ぶ必要があります。

例）https://domeinn.com「domeinn.com」の部分がドメインです。

トラッキング

ユーザーがサイト内のどこを閲覧しているのかを追跡・分析することです。

- 検索エンジンや広告など、どこから来たユーザーなのか
- どのようなページを見て成約したのか
- サイトのどの部分で離脱したのか
- 成約しなかったのはどこが悪かったのか
- どこの広告からきたユーザーが成約に結びつきやすいのか

など、多くのことを追跡・分析できる機能です。

トラッキングコード

トラッキングするためのコード（英語の羅列）です。

このコードをサイトに設置することによって、トラッキングすることができます。

トラフィックデータ

インターネットにおける「トラフィック」とは、通信回線やネットワークの送受信する際のデータ、又はデータ量を指します。

トレンド

トレンドとは「流行」のことです。サイトを作る際のトレンドとは、キーワードやコンテンツ内容に使われることが多く、そのときの旬な話題を指します。

Dropbox（ドロップボックス）

インストールした端末でデータやフォルダを共有することができるサービスです。

2GBの容量まで無料で利用でき、設置したパソコンやスマートフォンでデータを同期できます。

DA（ドメインオーソリティ）

ドメインに対する評価を指します。

SEOソフトウェア企業の「Moz」が開発したランキングのスコアで、数値が高いほど上位表示される可能性が高いと考えられます。

DNS

DNSとは「Domain Name System（ドメイン・ネーム・システム）」の略です。

IPアドレスとドメインを紐づけする仕組みをいいます。

インターネット上で何か検索をした場合、そのドメインをDNSがIPアドレスに変換することによって、WEBサイトの閲覧をすることができるのです。

ナ行

内部リンク

自サイト内に送るリンクのこと。内部リンクを的確に配置することで、ユーザビリティを上げることができます。

又、Googleのクローラーを動かすことでインデックス効果も期待できます。

ナチュラルリンク

自然に獲得できたリンクのこと。例えば、誰かのブログで紹介される、SNSなどで拡散される等といった状態で、サイトの評価に繋がります。

nofollow

リンク先へページの評価（SEO効果）を渡さないためのものです。

ニッチ

ニッチとは「すき間」という意味がありますが、サイト作成の場合は「ニッチなキーワード」と、キーワードの種別を指します。

- ライバルサイトのいないキーワード
- 検索ボリュームが少ないけれど需要のあるキーワード

ネームサーバー

ネームサーバーには、取得したドメインとIPアドレスを結びつける働きがあります。

ドメインにネームサーバーを指定することによって、ドメインとサーバーを紐づけできます。

ノウハウ

ノウハウの語源は「know-how」、直訳すると「知っている－方法」となります。つまり、物事の方法や手順について知っている知識という意味になります。

note

WEBサービスの名称。さまざまな分野のクリエイターが、写真やイラスト、文章や音楽などを投稿できます。作成されたもの（note）は、無料で公開することも、有料で販売することもできます。

ハ行

パーマリンク

サイト内の個別ページ毎に設定してあるURLのことです。

媒体

アフィリエイトにおける媒体とは、アフィリエイトを行う場所を指します。

- WEBサイト
- SNS
- YouTube
- メルマガ
- ブログ

などで、商品やサービスを紹介することで、アフィリエイトができます。

バックアップ

パソコン内のデータを別の形で保存しておくこと。バックアップしておけば、予期せぬ故障やウイルスによりデータが消えてしまっても復元できます。

発リンク

サイト内に貼り付けた、他のサイト・他のページへのリンクのことです。

バナー（バナーリンク）

サイト内で他のサイトや商品を紹介するための画像をいいます。広告や宣伝にも使われることが多く、その画像をクリックすると設定されたリンク先のページが開くようになっています。

パラグラフライティング

話の幅が広くなってしまったときに、それぞれの話題を塊としてわかりやすくまとめることができるライティング方法のこと。

大型サイトなど、大きな枠で話をまとめる場合にPREP法と組み合わせて利用すると効果的です。

パンくずリスト

大きなサイトに入ったときに、今どこのページを見ているのかをわかりやすく表示したもの。サイトの上部に表示されることが多くあります。

パンくずリストを設置することによって、次のような効果が期待できます。

- サイトに訪れたユーザーの利便性が高くなる
- Googleのクローラーを効率的に動かすことによる、インデックス効果

ヒートマップ

サイト訪問者が良く見るコンテンツやページを視覚化できる手法です。熟読エリアや見られていない箇所をサーモグラフィー化し、直感的に理解できます。

ビジュアルエディター

ビジュアルエディターは、ワードプレスの入力モードの1つです。

テキストエディターとは異なり、HTMLタグを直接入力することはできませんが、視覚的に記事を書くことができます。

「ビジュアル」と「テキスト」のモード切替タブは、記事内容を入力する場所の右上にあります。

ピュニコード

主に日本語ドメインなど、アルファベット以外の文字で取得したドメインを、アルファベットに変換するシステムです。

例）アフィリエイト.com→（ピュニコードで変換）→ xn--cckcdp5nyc8g.com

被リンク

自分のサイトへのリンクを、他のサイトに設置されることです。

PDCA

「PDCAサイクル」とも呼ばれ、成長するために欠かせないステップのことです。

① Plan（計画）：インプットしたことをどうこなすか計画を立てる
② Do（実行）：計画したことのアウトプット
③ Check（評価）：結果を確認し評価する
④ Action（改善）：結果から改善点を見いだす

①～④のサイクルを進みながら、新しいこと・難しい事へチャレンジする事で、大きく成長し続けられます。

ping送信

pingサーバーと言われるサイトの更新情報が集められるサーバーに、サイトの投稿・更新を知らせるシステムのことです。

ping送信することによってインデックス効果が期待できます。

PPC

PPCとは「Pay Per Click」の頭文字を取ったものです。

インターネット上の広告の1つで、一定回数のク

リックがされるまで掲載されます。

viewport（ビューポート）
viewport（ビューポート）を直訳すると「表示領域」となります。viewportを設定することによって、スマホやタブレットなどのモバイル端末でのサイト表示を最適な状態にできます。

フォント
文字の形状のこと。フォントの設定をすることで、文字の種類や大きさをさまざまな状態で表示できます。

ブックマーク
気に入ったWEBサイトをブラウザ上に記憶させる機能のこと。次回は一覧から選択して簡単に閲覧できます。
InternetExplorerでは「お気に入り」という機能と同じものです。

フッターメニュー
サイトの一番下に設置した、リンクの集約のこと。

物販型アフィリエイト
物販型アフィリエイトとは、サイトから物を販売することによって報酬を得られるアフィリエイトの種類です。

ブラウザバック
前のページに戻ること。

プラグイン
機能を拡張するソフトウェアのことです。ワードプレスなどに、さまざまなプラグインをインストールすることによって、多くの機能を設定することができます。

ブラックハットSEO
Googleの定めたガイドラインを利用して、不正に検索順位を上げるために施した手法のこと。

フリー素材
誰でも利用できる画像（イラスト）や写真のことです。無料と有料のものがあり、価格もさまざまです。フリー素材をたくさん扱ってるサイトからダウンロードすることができますが、そのサイトの利用規約などをよく読んで使用しましょう。

PREP法
論知的に物事を伝えられるライティング法のひとつです。
●総論　●理由　●事例　●総論
このような構成で文章を書くことで、最後まで読んでもらいやすく、要点をわかりやすく伝えることができます。

ブログ
WEBサイトの一種。WEB上に記録（ログ）を残すという「Weblog」の略で、有名人が日記を公開しているサイトなどが代表的なものになります。
アフィリエイトにおける「ブログ」とは、情報更新型のサイトを指します。

Whois情報公開
ドメインの登録情報を公開することです。
●ドメイン名　●ドメインの登録年月日
●ドメインの有効期限　●登録者の名前、住所などの個人的な情報を公開することになるので、ドメイン販売業者に代行してもらえるサービスを利用するのが一般的です。

ページネーション
文章（コンテンツ）が長くなった際などに、ページで区切るために表示されるものを指します。

ペースト
コピーした文字や文章を貼り付けること。
① 貼り付けたい箇所にカーソルを合わせる
②「右クリック」→「貼り付け」をクリック

平均ページビュー
サイトに訪れたユーザーが、平均してサイト内のページを何ページ見たかを指します。
ページビューはPV（Page View）と表現されることも多いです。

ペイント
Windows（アクセサリー）の中にある画像加工ができるソフトです。

ヘッダー
WEBサイトにおけるヘッダーとは、サイトページの上部に配置する画像のことです。
タイトルや、サイトの説明文を入れる部分なので、サイトの印象が決まる重要な要素となります。

ペナルティー
アフィリエイトにおけるペナルティとは、検索順位が大幅に下がることをいいます。

ベネフィット
ベネフィットとは、直訳すると「利益」となります。
アフィリエイトにおけるベネフィットとは、購入した商品の効果がもたらす変化を指します。
例えば、「ダイエット商品を購入して痩せた」ことは効果になります。
この効果によって「お洋服選びが楽しくなった」ことがベネフィットになります。

ペラサイト
基本的に1ページだけで構成されたサイトのこと。中には2ページから3ページで構成されたものもペラサイトと呼ぶ人もいますが、本書ではトップページのみのランディングページのようなサイトをペラサイトと呼んでいます。

ボタン
サイト作成におけるボタンとは、テキストの入った小さな画像にリンクを貼ったものをいいます。

ホワイトハットSEO
Googleのガイドラインに沿ったサイトを作成することです。
Googleからのペナルティを受けるようなことはありませんが、キーワードによっては上位表示するのに時間がかかるので、成果が上がるのが遅いという特徴があります。

マ行

マインドマップ
アフィリエイトにおけるマインドマップとは、サイト全体の構成をいいます。
キーワードを地図上にまとめることによって、サイト全体を把握できます。

マネタイズ
収益化のこと。無料のサービスから収益を上げる方法をいいます。

マルチドメイン
1つのサーバーで複数のドメインを運営する方法のこと。

MySQL
データベースのこと。データベースとは、複数のデータをまとめて管理するシステム、又はそのデータの固まりをいいます。
ワードプレスでサイトを運営する場合は、1つのサイトに1つのデータベースが必要となります。

見出しタグ
H1、H2、H3といったHTMLタグのことで、これを使って文章の階層構造を示していきます。
本を「題名」→「章」→「節」と分けていくように、サイト内の構造を見出しタグでわかりやすく整理して行くためのものです。
見出しタグを正しく使うと、Googleにサイト構造を理解してもらうことができるので、SEO対策として有効に働きます。

無料ブログ
無料で使うことのできるブログサービスのことです。
ドメインとサーバーをレンタルしている状態になります。
このようなサービスは多く存在しますが、有名な無料ブログサービスは下記のものになります。
- アメブロ
- 楽天ブログ
- FC2ブログ
- シーサーブログ
- はてなブログ

メールマガジン
メールマガジンは「メルマガ」と短縮されることが多く、有料と無料のものがあります。ブログなどで集客し、そこからアドレスを登録してもらうことで、ユーザーに直接メールを送ることができます。
送るメールの内容は、主に情報を発信したり、商品の紹介（アフィリエイト）をしていきます。

メタキーワード
サイトの内容に関連しているキーワードを指します。
以前はSEO効果が期待できましたが、現在では検索エンジンからの認識が得られないため、SEO効果はありません。

メタタグ
HTMLを使って、検索エンジンやユーザーへサイト情報を伝えるタグのこと。主に重要視されるのが次の2つです。
- メタディスクリプション
- メタキーワード

メタディスクリプション
サイトの情報を要約した文章のこと。
検索した際のタイトルの下に表示されるので、検索者がどのような内容のサイトなのか理解することができます。

メンション
メンションとは、話に出すこと・言及という意味です。

モバイル
持ち運びができて通信環境が整っている端末のこと。具体的には、スマートフォン・タブレットのことを指します。

モバイルファースト
スマホユーザーを想定したサイト作成を第一優先で考える概念のこと。狭い画面の中でスクロールして閲覧するユーザーに見やすいようにすることが大切です。
テンプレートなどもレスポンシブ対応のものを使用するのが必須となります。

モバイルフレンドリー
モバイルフレンドリーとは、スマートフォンからの表示を最適にし、ユーザーが快適にサイト閲覧できる状態をいいます。
2015年4月に「モバイルフレンドリーアップデート」が実施され、モバイルに対応していないサイトは検索順位を大きく落とされました。
このことから、モバイル対応の重要性が高まりました。
Googleのアルゴリズムの1つでもあるため、検索の順位にも影響があると考えられます。

ヤ行

薬機法【旧薬事法】
薬機法の正式名称は「医薬品、医療機器等の品質、有効性及び安全性の確保等に関する法律」です。
医薬品・医薬部外品・化粧品・医療機器などの安全性や有効性を確保する目的として作られた決まりになります。

ユーザー
そのサービスを利用する人のことをいいます。

ユーザーエクスペリエンス(User Experience)
ユーザーエクスペリエンスは「UX」と略され、直訳すると「人間体験」となります。
UXとは、何かを使用したときに得られる、喜びや楽しさ、わかりやすさなどをいいます。アフィリエイトにおける具体的なUXとは、サイトを訪れたユーザーが次のようなことを体験することを指します。

- わかりやすいと理解
- 閲覧して楽しかったと感動
- さまざまな印象を感じる

ユーザーエンゲージメント
エンゲージメントを直訳すると「約束」や「契約」となります。
ネット業界における「ユーザーエンゲージメント」とは、ユーザーが企業に対する愛着や関心を強く持つことを意味します。

ユーザーファースト
Googleの理念の最初に掲げられているものに以下があります。

1. ユーザーに焦点を絞れば、他のものはみな後からついてくる。

Google は、当初からユーザーの利便性を第一に考えています。新しいWEBブラウザを開発するときも、トップページの外観に手を加えるときも、Google内部の目標や収益ではなく、ユーザーを最も重視してきました。Googleのトップページはインターフェースが明快で、ページは瞬時に読み込まれます。金銭と引き換えに検索結果の順位を操作することは一切ありません。広告は、広告であることを明記したうえで、関連性の高い情報を邪魔にならない形で提示します。新しいツールやアプリケーションを開発するときも「もっと違う作りならよかったのに」という思いをユーザーに抱かせない、完成度の高いデザインを目指しています。
ユーザーのことを第一に考えてコンテンツを作成すれば他のものは後からついてくる、というGoogleの理念ですね。

ユーザビリティ
直訳すると「使用性」となります。
サービスなどを利用するユーザーが「使いやすいように」「使い勝手が良いように」を考えて提供することをいいます。アフィリエイトに良く使われるのは、コンテンツ内を理解しやすいように構成したり、見やすいように装飾したり、又、表示時間を掛けないようにするなど多面的な施策が施されます。このユーザビリティを第一に考えたのが「ユーザーファースト」となります。

横展開
横展開とは、売れた案件で別のサイトを増やす手法です。

- 同じ案件＋別のキーワード
- 同じ案件＋同じキーワード

このようなキーワードで、媒体・構成・ドメインを変えてサイト作成していきます。

ラ行

ライセンスキー
そのソフトウェアを利用するうえで、正規品かどうかを判別するためのパスワードのようなもの。「シリアルナンバー」とも呼ばれることがあります。

リスクヘッジ
事前に想定されるリスクを回避できるように対策すること。

リスティング広告
検索キーワードに応じて検索結果に表示される広告のことです。ユーザーがクリックすると広告費用が加算されるシステムになります。

離脱
アフィリエイトにおける「離脱」とは、サイトを見ているユーザーがサイトを閉じてしまうことをいいます。
アフィリエイトの手法にもよりますが、離脱率が高いと、Googleの評価を下げると言われることもあります。

リマインダー
備忘のためにパソコンやスマホから通知が来るように設定しておく機能です。通知の形はさまざまで、アラーム・アイコンの表示・メールなどがあります。スケジュール管理などに役立ちます。

リライト
WEBライティングにおけるリライトとは、文章の内容は同じまま、別の文章に書き換えることをいいます。
同じ文章を記事にすると重複コンテンツとなり、Googleからの低評価に繋がるので、リライトはアフィリエイターには必須のテクニックになります。

リンク（アフィリエイトリンク）
リンクには「関連付け」という意味があります。サイト内に設置したリンクをクリック（タップ）することによって、リンク先にジャンプできます。リンクにはさまざまなものがありますが、アフィリエイターに重要なリンクとしてアフィリエイトリンクが挙げられます。
アフィリエイトリンクとは、ASPから報酬を得るためにサイト内に設置するもので、「どのASPのものか」「どのプログラムのものか」「誰のものか」などさまざまな情報がわかるようになっています。
サイトを訪れた閲覧者が、このリンクをクリックして商品の購入やサービスの提供を受けることによって、アフィリエイターに報酬が発生する仕組みとなっています。

レイター
クオリティーレイターとも言われ、Googleのアルゴリズムによるサイトの品質評価者です。
世界中に45,000人以上いるレイターは、厳しいガイドラインに則った業務がされています。

レスポンシブ
パソコン・スマートフォン・タブレットなど、大きさの異なる画像でもサイト表示を自動的に調整して、見やすく最適な状態にすること。

レッドオーシャン
ライバルが多く激しい競争が行われている市場のことです。

レビュー
実際に商品を購入して使っている様子や感想など、自身の体験した1次情報を発信すること。
実際に体験した内容なので信憑性が高く、説得力のある商品の紹介方法です。

レンタルサーバー
サーバーを貸し出すサービスのこと。
アフィリエイトをするにあたって必要不可欠なもので、月額数百円から借りることができます。
サーバーとは、ユーザーのリクエストに対して、データ（情報）の提供を行う高性能パソコンのことをいいます。
例えば、スマホから「YouTubeが見たい」と検索した場合にYouTubeの情報が見られるのは、サーバーがリクエストに応じたから、ということになります。
自分でこのサーバーを運営するには多額の費用と、24時間の管理、高い知識が必要となるので、WEBサイトを運営する際にはレンタルサーバーを利用するのが一般的となります。人気のレンタルサーバーには以下のようなものがあります。
●ヘテムルサーバー
●エックスサーバー
●ロリポップサーバー

ロングテールキーワード
3～4の単語を繋げたキーワードのこと。検索ボリュームは少ないですが、検索意図を絞ることができるキーワードです。

ワ行

ワードプレス（Word Press）
サイト作成ができる無料のソフトです。インターネットなどの知識が高くない人でもサイトの管理や、記事の更新などができます。
同じサイト作成ソフトであるSIRIUSと比較すると、初期の設定に少し手間が掛かるため、全くの初心者や、サイトの量産には不向きな傾向があります。

YMYL
YMYL（Your Money or Your Life）を直訳すると「あなたのお金、あなたの人生」となります。生活やお金に関連性のあるサイトは、信頼性が高い情報の提供が重要だ、ということです。

あとがき

ここまでゼロベースの初心者がこれからアフィリエイトをはじめて副収入を得ていく方法を、ステップバイステップで解説してきました。第１章〜第６章の流れは、そのまま私が歩いてきた道でもあります。

① 最初に訳もわからず大きなサイトに挑戦し挫折
② 小さな小さなペラサイトで最初の１歩を踏み出す
③ 応用して商標の特化サイトで収益が拡大
④ ジャンルサイトを作ってさらに拡大
⑤ 同時に情報発信のブログでブランディング
⑥ YouTubeなどのSNSも使ってEAT構築

現在では３人の子供をシングルマザーとして育てながら、WEBスキルを身につけるためのオンラインスクール「副業の学校」の運営会社を経営するまでに至っています。

もしどこかの時点で諦めていたら…
もしアフィリエイトを知っていてもやらなかったら…

今の私はここにいません。はじめたはいいけど、なかなか結果の出ない中、どうして続けてこれたのか？それは「人生を変えたい」という強い思いと、かけたリスクの大きさにありました。

「アフィリエイト」という言葉を知り、その可能性を感じたあの時、行動しないという選択肢は私の中にはなかったんですね。

途中で諦めることは今まで頑張った努力と、うだつの上がらない時期を支えてくれた周りを裏切ることになると思いました。

チャンスはどこにでも転がっているわけではなく、ここぞという時には勝負しなくてはいけない時があります。あの時の頑張りがあったからこそ、アフィリエイトの可能性を現実的にできました。

そして本書を読んで頂いた皆さんにも、アフィリエイトの魅力に気づいていただけたはずです。ですが知っていてもやらなかったら知らないのと同じ。頭の中の知識にお金を払う人はいませんからね。

「インプットする⇨やってみる⇨改善する」

これを繰り返すことによって初めて結果が出始めます。会社の給料を月に5万円増やすのは至難の技ですが、アフィリエイトで月に5万円稼ぐのはそんなに難しいことではありません。

1ヶ月に5万円収入が増えればどんなことができるでしょうか？

家族との思い出が作れるかもしれませんし、趣味の時間を作れるかもしれない。お金に対する不安が軽減され生活が楽になるかもしれません。巷では「SEOアフィリエイトはオワコンだ」と言われていますが、月に5万円～ 10万円の副収入を個人で得られるポテンシャルはまだまだあります。

そしてアフィリエイトができるようになると、その技術はあらゆるところに応用することができます。

- **SEOの知識**
- **広告の知識**
- **WEBライティング**
- **サイト作成スキル**
- **SNSの知識**
- **WEBマーケティング**
- **WEBデザイン**

これだけのスキルが知らない間に身につくんですよね。
もはやアフィリエイト技術が身につけば、何かしらのWEBの世界で生きていけるぐらいです。

ただし「誰でも簡単にかつ確実に稼げます」とは言いません。
その可能性は大いにありますが、ものにできるか否かはやはり実践者の熱量にもよるんです。
アフィリエイトやSEOの方法に絶対的な正解はありませんし、10人いれば10通りのやり方があります。
Googleのアルゴリズムはブラックボックスですからね。
本書の解説はGoogleが公式で発表しているアナウンスや、一般的に「これは間違いなくそうだよね」と認知されている方法に付け加え、私の実体験や検証をもとにして解説しています。
「この通りにやったら100％稼げるよ！」といった詐欺まがいのものではなく、あくまでも私が実際に歩んできたスモールステップの道です。
3人の子供を抱え、諦めそうになりながらも結果の出ない時期を乗り越えて出会ったサイトアフィリエイト。今では法人化するまでに至り、本書を執筆させて頂いております。何もなかった私ができるのですから、この本を読んでいただいた皆さんにもきっとできると思います。

最後になりますが、執筆にあたりたくさんの方にお世話になりました。出版社の皆様、コラムを執筆してくださったRyotaさん、なかじさん、おおきさん。この場をお借りして深くお礼申し上げます。

そして、本書を読んでくれた皆さんにとって、人生を変える良いきっかけの1つになることを心より祈っております。

2020年12月吉日　KYOKO

Profile

KYOKO

株式会社TwinRing代表取締役 水谷恭子（みずたにきょうこ）
1987年生まれ岐阜県岐阜市出身。
現在は3人の子供を育てるシングルマザー経営者。
総フォロワー15万人、女性ビジネス系YouTuber。

多彩なWEBスキルを身につけるためのオンラインスクール「副業の学校」を運営。
https://fukugyou-gakkou.jp/

経済的自立の方法や時間がなくても収入を高める術をYouTubeやブログ、SNSにて情報発信している。「家庭×育児×ビジネスでも成功する」をコンセプトにビジネス論、マーケティングについて講演、執筆、コンサルティング事業に取り組んでいる。

YouTube：https://www.youtube.com/channel/UCF7IKesFOYQb34uzNiuNDqQ
BLOG：https://only-afilife.com/
Voicy：https://voicy.jp/channel/1357/106496
Twitter：https://twitter.com/KYOKO_Affiliate

• カバーデザイン　植竹裕
• イラストレーター　いなば せいら
• 本文デザイン・DTP　小石川馨
• 編集　Edit room H

KYOKO式しっかり学べる
副業の学校［アフィリエイト編］

2021年1月5日初版第1刷発行

著　者　KYOKO
発行人　片柳秀夫
編集人　福田清峰
発　行　ソシム株式会社
https://www.socym.co.jp/
〒101-0064 東京都千代田区神田猿楽町1-5-15 猿楽町SSビル3F
TEL：03-5217-2400（代表）
FAX：03-5217-2420
印刷・製本　音羽印刷株式会社

定価はカバーに表示してあります。
落丁・乱丁は弊社編集部までお送りください。
送料弊社負担にてお取替えいたします。
ISBN 978-4-8026-1288-3